家时间

暮らしを楽しむ 10 人の家時間

日本 Media Soft 书籍部　编

王筱卉　译

辽宁人民出版社

版权合同登记号图字 06-2018 年第 343 号

图书在版编目（CIP）数据

家时间 / 日本 Media Soft 书籍部编；王筱卉译 . —沈阳：辽宁人民出版社，2019.7（2021 年 2 月重印）
ISBN 978-7-205-09429-4

Ⅰ . ①家⋯ Ⅱ . ①日⋯ ②王⋯ Ⅲ . ①家庭生活—通俗读物 Ⅳ . ① TS976.3-49

中国版本图书馆 CIP 数据核字（2018）第 225200 号

出版发行：辽宁人民出版社
　　　　　地址：沈阳市和平区十一纬路 25 号　邮编：110003
　　　　　电话：024-23284321（邮　购）　024-23284324（发行部）
　　　　　传真：024-23284191（发行部）　024-23284304（办公室）
　　　　　http://www.lnpph.com.cn
印　　刷：辽宁新华印务有限公司
幅面尺寸：185mm×230mm
印　　张：9
字　　数：100 千字
出版时间：2019 年 7 月第 1 版
印刷时间：2021 年 2 月第 2 次印刷
责任编辑：盖新亮
装帧设计：丁末末
责任校对：吴艳杰
书　　号：ISBN 978-7-205-09429-4
定　　价：58.00 元

居家过日子的方法

每个家庭各不相同

也许只需多花一些心思

就会感受到焕然一新的乐趣

那些居住在充满魅力的房屋里的"生活达人"

对于居室装饰、厨房、食物、扫除等

有什么精心设计的小秘密吗

我们请他们倾囊相授

希望给大家的生活提供参考

Media Soft 书籍部

10 位快乐生活者的
居家时间

目 录

左上 _ 把冰箱里各种没用完的蔬菜"大集结"，做成色彩缤纷的什锦沙拉。

左下 _ 做咖啡的各种物品要吊挂起来收纳，既通风又卫生。

右上 _ 家里的织物用品中，亚麻制品占绝大多数。反复洗涤后不能再当毛巾使用的，就放在厨房里杂用。

右下 _Kico 喜欢用照片来呈现不经意的瞬间。杯子购于工艺展销会。

Kico 女士

在一日结束之际收拾整理
让自己和居室都恢复平静

Kico 说:"正如居室要勤通风才能空气新鲜,我自己也追求清爽利落的生活。我的目标是不管家里还是我的内心,都能保持舒畅干净的状态。"

Kico 的 instagram 上有不少居室装饰和便当的精彩照片。"我总是尽可能让居室和心情都保持安稳的状态。"她对我们说。

比如睡觉前麻利地整理一下弄乱的房间。一天快要结束时,把厨房的烹饪台和周围的边边角角都收拾一下。这样,前一天的疲劳状态就不会带进第二天早晨,新的一天可以在"平稳的心情"下顺利开始。

"还有一点是'每天改善一点点'。只要今天比昨天进步一点点就很好。凡事力求尽善尽美,就会让自己很累,因此要保持放松的心态,循序渐进。"Kico 说。怀着平和的心态,慢慢探求改进的方法。Kico 不让自己太过紧张的生活态度很值得借鉴。

kico_54

http://www.instagram.com/kico_54

data

家庭成员: 老公、猫

住所·建筑形式: 非公开

这些诱人的料理和便当照片,让 Kico 的 instagram 大受欢迎。使用应季食材制作的和式、洋式、中式食物种类丰富,光是看着就让人食欲大开。料理装盘和拍摄角度也很讲究,拥有大量粉丝。同时,复古风格的居室装饰和织物也彰显出独特的品位。

Kico 女士

居家时间

☐ 6:30
起床／做便当／做早餐
↓
为了能轻松搞定工作日的便当和晚餐，要在时间比较充裕的休息日提前做一些常备菜。

☐ 7:30
收拾房间／洗衣物／准备上班
↓

☐ 8:30
上班
↓

☐ 19:00~19:30
回家／准备晚餐
↓
食材等并非每天采购，而是在休息日集中购买。

☐ 20:00
吃晚餐
↓

☐ 21:00
餐后收拾整理／做家务
↓
除了晚餐的收拾整理以外，还要把晾干的衣物叠好、熨好。

☐ 22:00
老公回家／吃晚饭
↓

☐ 23:00
整理房间／自由时间
↓
收拾客厅和厨房，让居室恢复"平静"，第二天清早起来会有个好心情。

☐ 24:00
沐浴／放松时间
↓
做一次兴师动众的扫除会很费事，因此对厨房、浴室、洗脸池等用水的地方，总是随用随打扫。

☐ 1:30
就寝

烹调器具专门在外定制
为了使用起来更合手

Kico 上传到 instagram 的照片中、还数便当照片最吸引人。此外还有摆放得很有品位的烹饪器具和其他各种器皿。作为与料理密不可分的烹饪器具，Kico 如何选择呢？"我很重视烹饪器具的手感。因此，像木铲子等工具有时也会自己削制或在外面定制。我并不要求专物专用，即使是原本有其他用途的东西，只要我觉得可以在厨房派上用场就拿来用。"Kico 说。

用烧杯代替咖啡杯的新颖创意就是这样诞生的。在她的 instagram 上、还有用大号不锈钢调料容器来装厨余垃圾的照片。另外，因为不锈钢可以直接在火上加热，她还在容器里放上水和小苏打，把雪白的布巾放进去煮，这样就可以简单地给容器和布巾消毒。真是太有创意了！

上 _ 长筷子和刀叉等按高低分类，看上去也会很美观。筷子架购自 ACTUS。
左下 _ 利用德国军用库存品制成的围裙。布料结实，让人爱不释手。
右下 _ 经常漂白家里的织物、清洗杯子。"很喜欢漂白剂的气味。"Kico 说。

挑选物品时
不必拘泥于原本的用途

"收纳厨房物品不要被固定观念束缚，要首先考虑自己做家务时的行动路线。比如这里放什么更方便，这样放是否可以避免无效的空间移动，这些在收纳时都要考虑到。"Kico 说。

对于特百惠等收纳用的容器，以及盘子、杯子等器皿，都要把数量控制在能掌控的范围内。只要物品颜色一致，有统一感，就算东西多，也会感觉很利落。购买食器时，Kico 很重视直觉。她会把它们拿在手里，想象食物盛在里面的样子，决定是否购买。Kico 觉得食器能自由随意地使用也很重要，即使款式漂亮，但如果清洗起来麻烦也不会买。"我的性格并不擅长在细节上下功夫，所以食物的摆盘通常都不拘小节。而且，我觉得食物的温度很重要，要选择保温效果好的器皿。我很喜欢那些不喧宾夺主，能够充分体现食物的色彩、味道和食材质感的容器。"她说。

调味料按照形状和使用频率不同，放置在不同位置。桌台一侧的抽屉里集中放着鲣鱼花等干物和淀粉等粉末类调料。为了强调统一感，Kico 把它们都移装到玻璃容器里，并打印出标签贴在盖子上。打印成英文更有时尚感。照片右边是抽屉的外侧，左边是内侧。

围裙

这里挂着 Kico 中意的亚麻、纯棉等材质的围裙。据说她一系上围裙，就好像打开"亢奋的开关"。这样的围裙经常去复古风格的店铺购买。

桌布

反复洗涤后出现磨损的亚麻桌布都放到厨房里杂用。亚麻布吸水性好，用起来非常方便。菜板用的是 Artelegno 家的产品。

厨刀

心爱的厨刀是老字号"木屋"的产品。从优异的切削性能、恰到好处的重量，到握在手里很舒服的刀柄、切在木质菜板上的声音，皆为 Kico 所爱。

铸铁平底煎锅

制作烧烤料理时，Kico 喜欢用美国 Lodge 的 8 英寸铸铁平底煎锅。把两个同样大小的锅扣在一起可以代替锅盖，还可以实现干蒸效果，是合理的使用方法。

面包切板

很久以前在 Francfranc 买的。一面有凹凸设计，一面是平的，两面都能用的设计很可心。据说 Kico 喜欢把面包放在铁网上，烤到口感酥脆。

烧杯

除了当咖啡壶使用以外，还用来称量调料。刻度一目了然很方便。但有时会把咖啡和蘸食物用的调味汁弄混。

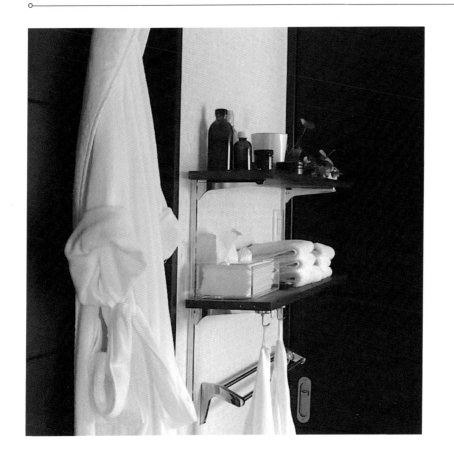

上 _ 护肤品都移至茶色瓶或黑色容器里，统一外观。没有杂乱的颜色，视觉上很清爽。

下 _ 把酵素沐浴露和日本酒洒在浴池里，用天然材料应对体寒症。"大高酵素"的入浴剂散发着木头的香气，还有丝柏浴般的治愈效果。

享受沐浴时间
慢慢放松身心

Kico 说："每天快结束的时候，我都要卸了妆轻轻松松地泡个热水澡。非常享受这个尽情放松、没有任何拘束感的时刻。"

她还说每天换上睡衣前，习惯穿着浴袍稍微休息一会儿。而且，因为有体寒症，所以要用沐浴专用的酵素温暖身体。酵素等沐浴用品也都放到茶色的药瓶里。

注重食物的温度
要在最美味的时候品尝

能趁着刚出锅就吃到嘴里，这也许是在家吃饭的最大妙处。热菜趁热吃，当然最美味。也正因为如此，才要有意识地借助器皿和摆盘一同表现料理的温度。"除了做家人点名要吃的菜以外，为了避免相似的菜品反复出现，我还会特别注意变换食物的味道和外观。"Kico 说。

丰富的料理点缀着每一天。早餐和午餐通常都只用一个大号盘子就搞定。中间左边的图是贝果三明治，里面夹着鳕鱼拌胡萝卜丝、牛油果柚子胡椒沙司和自制金枪鱼，是可以摄取多种蔬菜的一餐。Kico喜欢面包，经常自己烤面包和蛋糕。右下图是杏仁的重磅蛋糕，Kico 说里面放了一些她喜欢的桉树蜜。

STAUB 的铸铁炖锅不光是冬天，一年四季都活跃在 Kico 家的餐桌上。左图是用青壳贝、乌贼做的西班牙海鲜饭。右图是用 STAUB 铸铁锅做的日式土豆炖肉和用砂锅烹制的秋刀鱼什锦饭。用 Kico 的话说，这正是"和式锅和洋式锅的竞演"。

四季分明的日本
才能够品尝到的应季食材

看上一眼就令人垂涎欲滴的牡蛎什锦饭。砂锅的品牌是长谷园。这一款是不需要特别在意火候就能轻松烧好饭的烧饭专用锅，用它来做什锦饭再合适不过了。

萝卜糕、日式鸡蛋卷、鸡肉夹青紫苏叶、花椰菜豆腐沙拉，鱼豆腐里塞的不是黄瓜，而是秋葵。

希望能做出吃的时候感到放松、享受的便当

Kico 在朋友的建议下开始用 instagram，记录自己每天的便当。

"就算再努力，我做的便当也无法达到让人惊艳的效果（笑）。我也很憧憬外表华丽的便当，不过，理想中的是吃起来很舒服、心里能够彻底放松的便当。在家以外的地方吃到自己习惯的味道，心里会很踏实，吃完以后很纯粹地觉得'真好吃啊'。如果能做出这样的便当就很好了。"Kico 说。

Kico 也从不忽略四季分明的日本的独特之处。她说，无论是料理还是便当，为了能在食物中感受到季节的更迭，她都尽可能选择应季食材。的确，应季的蔬菜和鱼类是最美味的吧！"希望自己做的食物和便当中，既有应季食材的美味，又能兼顾饮食均衡。"

右 _ 三色饭团便当。三种饭团分别是：鲣鱼花和山椒酱油、玉米粒、鲑鱼和鲣鱼花羊栖菜配芝麻。黄色的玉米粒很醒目。"可能做成三角形会更像饭团吧"。Kico 说。

右 _Kico 家自制的肉松。做法是在鸡肉馅里放足量的葱和姜，再放入切碎的金针菇。口感香脆，非常美味。还用盐煮芥末菜和小松菜做了点缀。

变换桌布就能改变房间印象

Kico 的 instagram 上也有很多变换居室布局的照片。调整居室布局有什么窍门吗？ "客厅里的大餐桌
一变颜色，房间的印象就大有不同，所以我经常更换餐桌的桌布。"她介绍说。

最近，Kico 的家庭成员里多了一只猫，居室的配置也随之发生变化。配合生活的改变调整家具配置，
借此也可以换换心情。Kico 告诉我们："家具的材料基本都是天然木材，室内装饰也用了一定的白色。
我也喜欢复古风格，不过为了避免居室有不洁之感，我在打造清洁感上十分用心。"

有的家具装上了小脚轮，为的是能灵活移动。还有些家具是在外面定制的。

喜爱复古风格
所以才更重视清洁感

餐桌上摆着一大株绿植。这样的摆放很大胆，但是
树叶的影子投射在桌上非常漂亮。

很喜欢复古的感觉，因此也格外注意房间的清洁感。生
了锈的铁质小推车很有风情。上面放着刷子和纸巾，下
面有小脚轮，可以自由移动。

餐厅里金属质感的凳子引人注目。这是 Tolix 的餐厅
椅。造型上并没有太过标新立异之处，却很有个性。

另外，针织品也为营造居室统一感助了一臂之力。"我
喜欢亚麻布的柔软，所以我家从浴巾到窗帘，几乎所
有的织物都是亚麻布。"Kico 说。
Kico 家的织物基本只有白色和麻色两种颜色。不需要
太多色彩，亚麻的柔软质感会带给居室统一感。"用旧
的亚麻床单和被罩可以用在别处。最近我就用它给猫
做了吊床。厨房里用旧的亚麻方巾可以当作扫除的抹
布使用，很方便。要让每件物品都物尽其用。"Kico 说。

注重清洁感和复古感。

从改变切身使用的物品开始
让它们变得更讲究

这是一个准备早餐的场景。女儿一边把马克杯
从小到大排列一边说："我的、妈妈的、爸爸
的。"女儿平时总能说得很正确，但如果杯子里
放上好吃的，不知为何最大的杯子就变成她的
了。马克杯是 Arabia 品牌的 Paratiisi 系列。

Chii 女士

"我们拥有自己的房子之前，住在公司的员工宿舍里。两年前搬进这里的时候，我想到可以自由地选择居室装饰，定制各种物品，就特别兴奋。"Chii 这样说。

她家的厨房及料理照片给人留下深刻印象，在 instagram 上拥有很高人气。"如果有人苦恼不知如何改变自己的生活方式，我建议不妨从改变一部分切身使用的物品开始，可以试着让它们变得更讲究些。"Chii 说。

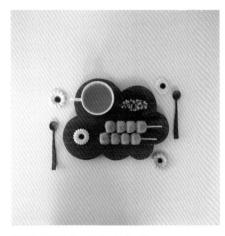

比如把每天吃饭用的饭碗和汤碗换成质量更好的，这样就会对吃饭的时间满怀期待。然后再试着变换食材及烹饪用具，如此循序渐进，自己的世界就会越来越丰富。Chii 说："只要适合自己就好。给每日波澜不惊的生活带来一些变化和刺激，循环往复的每一天就会更加快乐。"

糯米团子配绿茶，日式下午茶时间。
托盘是木艺家曾山瑛里子的作品。

chii_moi
https://www.instagram.com/chii_moi/

data

家庭成员：老公、女儿
住所·建筑形式：爱媛县·独幢住宅

Chii 如此喜爱厨房，正如她在 instagram 上的自我介绍——住在厨房里。你一定会为那些排列有序的食器之美，以及充满时尚感的料理、饮料的照片所倾倒。还有女儿和时常出镜的老公的生活照，很有生活气息。

Chii 女士

居家时间

- ☐ 5:30
  起床
  ↓

- ☐ 5:35
  晾洗好的衣物
  ↓
  简单擦拭、整理厨房

  Chii 和老公分工合作，一起完成家务。Chii 家的做法是工作日进行最低限度的打扫，休息日集中扫除。

- ☐ 5:45
  提前为晚餐做准备
  ↓
  女儿起床之前要争分夺秒，为晚餐尽可能多做准备，比如削蔬菜皮等。

- ☐ 6:00
  做早餐／给女儿做便当
  ↓
  有时候 Chii 会一边喝着清早的咖啡，一边整理屋子。

- ☐ 6:15
  吃早餐
  ↓

- ☐ 6:20
  老公上班
  ↓

- ☐ 6:30
  女儿起床／吃早餐
  ↓

- ☐ 6:45
  餐后收拾整理／准备上班
  ↓

- ☐ 7:30
  把女儿送到幼儿园，自己去上班
  ↓

- ☐ 18:30
  下班回家
  ↓

- ☐ 18:40
  做晚餐
  ↓
  为了节约时间，一边做饭一边收拾厨房。

- ☐ 19:00
  老公回家／沐浴
  ↓

- ☐ 19:30
  吃晚餐
  ↓

- ☐ 20:20
  茶点时间
  ↓
  每天都要留出全家聚在一起的时间。一天的作息时间很紧张，因此更加珍惜就餐、喝茶等与家人共处的时间。

- ☐ 20:50
  简单打扫厨房
  ↓
  即使觉得很累，也要把烹饪台收拾干净，把该洗的东西洗完。

- ☐ 21:30
  女儿就寝
  ↓

- ☐ 22:30
  预约洗衣机、洗碗机／就寝

越是繁忙的时候
越要抽出时间与家人共处

Chii 的 instagram 上，经常会出现活力无限、好奇心旺盛的女儿和温文尔雅的老公。为了一家人能舒适惬意地生活，Chii 平时特别留意和花心思的事是什么呢？"不要让每天的工作、家务、压力等积压太多。越忙越要管理好自己的日程。而且，越是忙得心烦意乱，越要利用吃饭及喝茶的时间，尽可能多和家人在一起。"Chii 说。

另外，Chii 对自己、对家人都会遵守的是，日常生活保持简朴，偶尔可以稍微奢侈，遇到值得庆祝的大事就尽可能盛大地庆祝。"日常朴素、偶尔奢侈、隆重庆祝，我希望能努力把握好这三者的平衡。"Chii 说。

上 _ 正在给女儿做早餐便当，要带到幼儿园去。女儿因为油星溅到手上，有点不高兴了。锅是釜定工房的铁锅。

左下 _ 女儿很喜欢在屋外玩耍，就算头顶盛夏的烈日也毫不在乎。真是活力满满啊！她还戴上墨镜开起玩笑。

右下 _ 老公和女儿一起做休息日的早餐——法式吐司。"吐司烤焦喽！"Chii 说。

小时候我就很喜欢
看母亲在厨房做家务的样子

建造这幢住宅时，Chii 最精心打造的就是
这个岛型的开放式厨房。Chii 说，她小时
候就很喜欢看妈妈在厨房里做饭。"我觉
得母亲在厨房里工作的身影，会给家人很
大影响。女儿看到我在厨房里的样子，会
想些什么呢？想到这些，我就设计了这个
开放式的厨房。"她说。

Chii 没打算在厨房里放置成品橱柜，而是
只放了桌台。现在看来这个决定非常正确。
"桌台下面放着在无印良品定制的架子。
一旦觉得不称心，马上可以改变布局，这
样不会产生压力。"她说。

岛型台面是灰色的，桌台是胡桃木。二者
简约地组合在一起，形成稍显硬朗的风格。
这种感觉正是 Chii 所喜爱的。

上 _ Chii 家专门选择了岛型厨房。四周空间开放，活动起来游刃有余，没有压力。
左下 _ 有时候装饰些绿植来改变居室氛围。花瓶是在 Nitori 买的。
右下 _ 厨房后面用桌台取代了放餐具的柜子等。杯子和水壶采用展示收纳的方法。
这样的优点是一目了然，想拿什么很方便。

工作的日子里，吃饭节奏比较快，一般使用 Littala、Arabia、无印良品等可以用洗碗机清洗的餐具。

把马克杯之类的食器放在筐子里收纳。手工艺家 Bror 用白桦树编制的小筐为厨房平添绝妙的风趣。

家里有多台咖啡机，用于不同时间和不同场所，为生活增添乐趣。这一台是滴滤式的，黄铜和胡桃木让人印象深刻。

手工艺家创作的食器
让休息日更惬意

日本陶艺家高岛大树创作的中号碗。托盘是圆形的。Chii 说她一看到中意的食器，就会发自内心地感慨，"真想做饭啊"。

手工艺家创作的精美食器，成为休息日悠然品味美餐时的一大乐趣。同为白色食器，也因创作者不同而各放异彩，这样的感受也很有意思。

桌台上的架子上摆着日本陶艺家大谷哲也、吉田次
朗、马醉木诚等 Chii 喜爱的手工艺家的作品。

装调味料的瓶瓶罐罐都收纳在无印良品的铁丝筐里。
四周留有空间,打扫时挪动也毫不费事。

目标是实现有格调的展示性收纳

放在桌台下面的是无印良品的架子。把几个架子组合在一起
放置物品。这种架子可以根据需要特别定制,很方便。

Chii 受电影《海鸥食堂》的启发,购置了不同尺寸的不锈钢水壶。
水壶容易保养，用布擦拭就会呈现光泽，深得 Chii 喜爱。

大盘子是吉田次朗的作品，中间的小碟子是石川裕信的作品。不工作的日子，用喜爱的手工艺家创作的食器吃早餐，兴致也随之高昂起来。

给食物摆盘时
借鉴留下深刻印象的店铺或照片

Chii 说："我在饮食方面没有特别花心思，只是希望选择尽量新鲜的食材加以烹饪，摆上餐桌。"

Chii 表示她最注重的是饮食均衡，多吃蔬菜。另外，喜欢吃水果的她还经常去市场选购新鲜的应季水果。"我不太擅长做常备菜，目前正在学习中。比如煮青菜、炒菜，以及把肉类分小份冷冻备用等。"她说。

经常在 instagram 上展示摆放精美的食物照片，她有什么秘诀呢？"我通常参考去过的餐厅，或者杂志上的图片。我一直觉得摆盘是一门深奥的学问，比如食物的色彩搭配、在器皿中所占的比例等。我很希望有机会能好好学习一下。"她说。

左 _ 5 月的早餐，要品尝应季的竹笋。右 _ 复古风格的盘子里放着贝果早餐。

左 _ 盐烤竹笋鱼配柠檬，清淡爽口。右 _ 用大谷哲也的平底锅烹制的青椒肉。

左 _ 红紫苏糖浆苏打水的味道让人非常满足。右 _ 用北欧复古玻璃杯做的漂浮冰咖啡。

伴着精心挑选的物件
细致入微地感受生活

Chii 家的居室装饰重视整体
的协调和统一感。她喜欢灰
色或白色等雅致的色调，并
且一直喜爱无印良品的物品。
东西无关大小，只要不是确
实想要或者不是发自内心喜
欢，就不勉强自己去买，也
不会因为便宜而买，因为十
有八九会后悔。"不管家里的
什么地方，我都会在物品周
围适当留出空间。既方便使
用，也容易清扫。"Chii 说。
Chii 在 instagram 上经常被问
到如何打扫厨房。"桌台也好，
收纳餐具的架子也好，前后
左右的某个位置一定要'留
白'。这样稍微移动物品就可
以擦拭，而且也便于拿取，
就算把东西全拿出来进行打
扫，也不会花太多时间。"她
回答说。

在 Aladdin 暖炉上，
用 Littala 的砂锅煮
着猪肉酱汤，汤里还
放了很多根茎类蔬
菜。温暖的火炉周围
空间充裕，家人围聚
过来，这里自然就成
了大家的休息之所。

适当给物品留出空间
更易于使用

厨房桌台的一角变成了家人可以使用的小
桌子，真是巧妙利用空间的布局。女儿坐
的高脚椅是丹麦品牌 HAY 的产品。

左上 _ 迷你南瓜。据说收获后再干燥 1 周左右，就可以储藏 1~2 个月。

左下 _ 暑假前重新布置了客厅里孩子的活动角，更换了玩具。

右上 _ 在木板露台上晒蔬菜。

右下 _ 客厅空间宽敞。孩子跪在长条椅子上，椅子是固定在墙上的。

Eri 女士

先想好"不做什么"再行动
就会很轻松

"我虽然很喜欢做饭和收拾屋子，但也有做不好的家务。想让方方面面都完美，总会有困难。对于不擅长的家务，按最低限完成就可以了，这样的态度也是必要的。"Eri 这样对我说。

这是大阪府一幢建了 34 年的住宅，在这里居住着一个五口之家——Eri、老公和三个孩子。"就算是周而复始的家务，每天也会稍有不同。""今天先不做这个了""今天要在这个时间休息一下"，等等。先决定好"不做的事情"再开始行动，就会顺利得多。

Eri 要带三个孩子，还要做家务，每天都很忙。正因为如此，她的经验之谈就很有借鉴意义。"还是要'集中做好眼前事'。对家里的很多事情都很在意，但还是要把精力集中在现在做的事情上，全力以赴地做好。这样一件事一件事地做下去，慢慢就做完了。"

erifebruary10

https://www.instagram.com/erifebruary10/

data

家庭成员：老公、长女、次女、长子

住所·建筑形式：大阪府·独幢住宅

这是大阪一幢建了 34 年的房子，Eri 和家人重新进行了装修。照片里讲究的内装、定制的家具都让人赏心悦目，但最吸引人的还是 Eri 养育 3 个孩子的日记。育儿的烦恼和喜悦，以及对孩子深深的情感朴素地呈现在字里行间，收获了很多宝妈的支持。

Eri 女士

居家时间

☐ 4:45
起床／为老公和二女儿做便当

起床后马上开窗通风。除了便当，还要为老公做饭团，作为早餐拿到公司吃。

☐ 5:30
烧水／把做高汤用的海带浸入水中

☐ 5:50
老公上班／一个人的时间／
洗第一轮衣物

一个人的时候，通常列出当日的"待做事情清单"和"购物清单"。第一轮洗衣以白色为主。

☐ 6:30
大女儿起床／给院子浇水／梳洗穿衣／
两人一起吃早餐／洗第二轮衣物

第二轮主要洗带颜色的衣物。

☐ 7:30
二女儿、大儿子起床／梳洗穿衣／
吃早餐

如果需要，提前为晚餐做准备（或切或煮食材）。天气好的话，还会洗床单等。

☐ 8:30
卷起被褥，用吸尘器吸尘／
收拾房间和厨房

如果时间充裕还会擦拭居室。赶上好天气，会把被子拿出去晒。

☐ 8:50
送二女儿去幼儿园／打扫玄关

☐ 9:00
带儿子出去玩／有需要就去购物
打扫家中的某个地方

回家后，在玄关、卫生间、窗户、浴室中选择一处，进行比平时更细致的打扫。

☐ 11:30
和儿子一起吃午餐／餐后收拾整理

☐ 12:00
儿子睡午觉（有时不睡）／
为三餐提前做准备的时间／
一个人的时间

按照三天一次的频率，做几道菜备着。也在这个时间为晚餐做准备。能提前做的就提前做好。

☐ 13:45
去幼儿园接二女儿／
在外面玩／收衣物

☐ 15:00
大女儿回家／零食时间／
帮女儿看作业

☐ 16:00
叠衣物／孩子们的自由时间

☐ 17:00
淘米、用砂锅烧饭／
给庭院浇水／做晚饭

☐ 18:00
和孩子们共进晚餐／餐后收拾清洗、
整理厨房

☐ 19:00
和孩子们一起洗澡

☐ 20:00~21:30
老公回家／吃晚餐

☐ 20:30~21:00
和孩子们一起就寝

每天必做
一道孩子们喜欢的菜

Eri 经常把准备晚餐的照片公开到 instagram 上，非常引人注目。"原本我把准备晚餐和烹饪的照片分开，后来觉得这些切好的煮好的食材摆在搪瓷盘里很漂亮，就干脆一起公开了。"Eri 对我们说。

完成大量的晚餐准备工作后，厨房依然很整洁。这是因为 Eri 有意识地控制着厨房里的物品。

比如在准备晚餐时大显身手，经常出现在照片中的长筷子、搪瓷盘及保存容器（听说她喜欢 iwaki、野田珐琅等品牌），Eri 储备了不少，但是对于不好收放的锅或者用途单一的物品，即使用起来很方便也不会多买。

Eri 说："餐具及厨房也好，其他事物也好，要尽可能自己管理好。为此要多用些心思。"

上 _ 煎炒蔬菜、日式牛肉饼……Eri 说暑假里来客人或外出的机会比较多，提前准备几道马上就能吃的菜，才比较放心。

左下 _ 猪肉炒菜、水煮蔬菜。不知该做什么的时候，就选家人爱吃的来做。因为"喜欢的菜就算多吃几次家人也不会发牢骚"，Eri 说。

右下 _ 每天的菜谱通常取决于朋友送来什么蔬菜。一不留神发现，每日的菜谱中蔬菜好丰富。

上＿使用大小一致的器皿，就会有统一感。需要各自分
取的料理较多，所以喜欢用有深度的中号餐盘。
右＿两张图中出现的陶瓷盘子都是大分县的小鹿田烧和
福冈县的小石原烧，很适合餐桌的氛围。

Eri 说：“我一边默念‘一定要好吃’，这样做出来的料理通常都很美味，一定存在眼睛看不见的力量。”她爱用的是 LE CREUSET 的锅。

色彩鲜艳的料理中饱含着 Eri 的良苦用心。首先，为了让孩子们多吃点，Eri 一定会准备一道孩子们喜欢的菜，而且她还会尽量让他们多吃应季的蔬菜。“对于根茎类蔬菜、豆类及含铁的食材都尽量让孩子们多吃。”Eri 说。

Eri 家食用的蔬菜多是从朋友的农场中获赠的。送过来的自然都是新鲜的应季菜，每天的食谱也通常在此基础上考虑。

听说 Eri 爱做的菜有面汁（先用海带和鲣鱼花熬制高汤，然后过滤出清澈的汤汁，再在里面加入酱油、味醂、砂糖等调制而成的调料）、调味的炒时蔬、盐揉小松菜和圆白菜、鸡肉末做的爽口饺子，确实都是孩子也能欣然接受，并且蔬菜种类丰富的食物。“家里的饭菜不同于餐饮店，不必太张扬，目标是做出吃着能感觉放松的味道。”Eri 说。

34 年房龄的独幢住宅
翻新后 Eri 全家居住于此

左 _ 放餐具的橱柜和餐桌都是天然木材定制的。开放式的起居室兼餐厅的地板使用了传统的方式铺装。

右 _ 考虑到取放方便，经常使用的餐具放在最下面两层，茶杯收纳在抽屉里。时不时调整一下餐具的收纳位置也很重要。

Eri 一家居住的房子原本是亲戚的空房，已经建了 34 年。一次，Eri 偶尔路过一家建筑公司，很喜欢他们盖的房子，就请他们重新装修了亲戚的空房，一家人住了进去。

厨房也是特意按 Eri 的使用习惯设计的。烹饪台上面吊着铁质平底锅的S 形钩子，以及旁边挂垫布（拿热面包及热锅时用）的钩子，都是在铸铁手工艺家的建议下制作的。Eri 说："钩子的间隔及高度都是和手工艺家反复商量后决定的，对我来说特别合适。在大家的共同努力下，打造了这个理想的烹饪空间。"

黑色瓷砖和铁质食器的使用，让空间有收敛感，Eri 非常满意。

烹饪台上面的挂钩、挂平底锅的横杆以及 S 形挂钩都是专门请铸铁职人制作的,是与手工艺家反复商议了多次才最终决定的。

请手工艺家出谋划策

打造理想的厨房

Eri 首次尝试自己做面包,博得女儿的高度赞扬,"什么都不蘸就很好吃"。夹书的特大木夹子是在集市上买的北欧杂货。

为了保持厨房的整洁，用到哪里收拾哪里，用后马上擦拭干净是关键。每个月都要把所有的东西拿出来，彻底打扫一次。

以实现孩子也能
轻松做到的收纳为目标

擦拭桌台、盘子及擦手等都用手巾，手巾以同样的方法叠好，集中收在一起。这样既方便孩子记住位置，也容易保持干燥。

餐桌及橱柜、鞋柜都是委托同一位木匠制作的。桌椅的摆放，充分考虑到不能影响周围的空间。灯是 Louis Poulsen 的。

上 _ 家人都出门的时候，Eri 一个人读书，放松身心享受独处时光。马克杯品牌是小鹿田烧。

下 _ 孩子用的椅子是 STOKKE 的 TRIPP TRAPP。

桌子上什么都不放

改装房子时，Eri 特别考虑了空间的设计。她说，因为孩子还很小，所以想让家里成为一个开放的空间。

为此，起到关键作用的是从餐厅、客厅一直延伸到室外的木板露台。可以把这个贯通一体的空间当作一个大房间来使用。从餐厅和客厅里可以看到孩子在露台上玩耍的样子，所以很放心。

"为了保持居室整洁而注意的事情有餐桌上什么都不放，椅子要放整齐。碎片时间超过 5 分钟就利用起来擦拭房间，以及经常给房间通风等。" Eri 说。

左 _ 鞋柜是专门定制的。柜子顶上放着几个竹筐，里面收纳着各种东西。

右 _ 柜子旁边有个小小的壁龛，装饰着花和七夕时用的短册（细长的薄木片、竹片或纸，可以在上面写字。日本每年七夕节时，人们都会把自己的愿望写在上面，并挂在竹枝上），营造出季节感。

用长椅和架子代替收纳用家具

"为了省去日后添置收纳柜的麻烦，我们请工匠用剩下的边角料制作了长椅和架子安装在墙上。椅子下面可以放东西，墙面空间也可以用于收纳，十分方便。沙发和桌子等选择了复古而有趣的物品。希望看到它们随着时间的推移散发出独特的美感。"

不想让别人看到的东西可以放到竹筐里，或者放到长椅下、鞋柜顶上收好。这样让外观保持整洁的同时，竹筐也成为居室的点缀，而且还容易移动，便于打扫。

把零碎的东西和不想让别人看到的东西都放进竹筐里，再放到长椅下面。文具等经常使用的东西集中收纳在孩子够不着的架子上。收纳箱和小物件也多选择与室内色调相协调的木色。沙发是 Truck 的。

心情好的时候手工制作的司康饼，浸了蜂蜜的坚果是亮点。照片的构图充分利用背景空间，很有感染力。可是 Irodorco 说，这不过是她随手拍的。

Irodorco 女士

食材丰富均衡的食物
自然让摆盘呈现美感

诱人食欲的料理，品位独特的居室装饰，高雅大方的照片，Irodorco 的日常生活让人心驰神往。Irodorco 说："其实加入 instagram 的初衷实在不足挂齿，只是觉得如果能留住日常生活中的细微瞬间挺好的。"

Irodorco 灵活运用空间的照片，给观者余韵不尽之感。她学过照相吗？ "我完全是自学，只是凭自己的直觉按下快门。拍摄手法上也没什么讲究之处，唯独尽可能在有自然光照进来的时间拍照而已。就个人感觉而言，我觉得有光和阴影的照片很美。"她说。

据说，那些让追踪者们沉浸在视觉享受中的料理照片，从选择器皿到摆盘组合也都是 Irodorco 凭着感觉完成的。用她自己的话说，食材均衡的料理自然让摆盘呈现出美的效果。"所以，这样的料理照在照片里，也一定会很漂亮。"Irodorco 说。

Irodorco

https://www.instagram.com/irodorco/

data

家庭成员：老公、长子、次子、猫

住所·建筑形式：非公开

将赏心悦目的料理巧妙地融入复古氛围，Irodorco 的家居照片在 instagram 上很受欢迎。这些运用空间来构图的照片具有很高水准，有欣赏专业写真集的感觉。以恰到好处的篇幅点缀其间的文字，读起来也耐人寻味。不时还有让人发笑的"包袱"抖出来。

Irodorco 女士

居家时间

☐ 6:00
起床／洗第一轮衣物
↓

☐ 6:00~6:40
做早餐／做便当
↓

☐ 6:40
晾衣服、被单等／
↓ **洗第二轮衣物**

☐ 7:00
自己吃早餐／餐后收拾整理／
↓ **为晚餐做准备**

☐ 7:30
扫除（每日例行）
↓
扫除用具放在随手就能拿到的地方，因此要选择放在明面上也不觉得失礼的物品。

☐ 8:00
晾衣物／熨衣服／
↓ **扫除（定期清扫的地方）**
细致打扫厨房、浴室、卫生间等要定期清扫的地方。

☐ 10:00
咖啡时间／逗猫
↓
酷爱咖啡。厨房里有集中放置各种咖啡用具的"咖啡站"。

☐ 11:00
自由时间
↓
通常外出购买生活必需品。并非每天都可以外出购物，因此食材等要一次性集中购买。

☐ 15:00
收拾洗好的衣物／
↓ **整理床铺／收拾屋子**

☐ 17:00
准备晚餐
↓

☐ 20:00
吃晚餐
↓
家里有正在长身体的男孩子，所以很注意饭菜的分量。

☐ 21:00
餐后收拾整理／收拾厨房
↓
当日弄脏的地方要当日打扫干净，不让脏东西积累。

☐ 22:00
自由时间
↓
看电脑，读书。

☐ 24:00
就寝

开放式橱柜。厨具的摆放按照家人生活方式的变化进行调整。为了方便取放，目前按照亚麻织物和 STAUB 锅，日常使用的饭碗、汤碗，厚重的大盘子来分类。

厨具是否合手
用感觉来判断

Irodorco 不光对相机和照片遵从直觉，对生活也一样。"比如选择厨具时，首先要选兼具功能性和设计感的，然后就凭感觉看看是否合手。"她说。

不管是口碑多好的东西，只要不合手，就坚决不买。Irodorco 觉得，即便是不同品牌的厨具，把手的设计或其他某些地方也会有统一感，放在一起会呈现出整齐的效果。

上 _ 这样的开放式收纳，孩子也很方便。如果生活方式发生变化，收纳物品也可以相应调整。收纳架购自 STORAGE。

下 _ "咖啡站"里有 Irodorco 喜欢的烧杯等各种咖啡用具。茶色的药瓶是装咖啡豆用的。

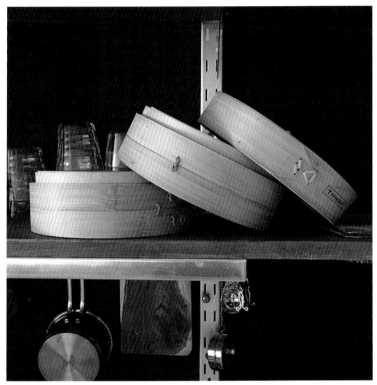

结论是：
简单的东西才不会生厌

对于器皿，Irodorco 在不同时期曾经有过各种不同的偏爱，现在又回到起点，钟情于简约的设计。"经历了很多失败（笑），结果还是简约的设计最能衬托料理的特色。这样的食器用起来才能随心所欲、久不生厌，这就是我的结论。"

除此之外，Irodorco 还注重有素材感、能展现精致手工艺的器皿。

在厨房收纳方面，身为两个男孩母亲的 Irodorco 也为孩子动了很多脑筋。"我家的口号是'男生也一律要进厨房'，为了让孩子们也能一看就明白，厨房的收纳是开放式的。"

随着孩子们不断长大，优先使用的厨具会改变，所以收纳也要定期调整。Irodorco 表示，她和家人的目标是，不让厨房成为有压力的地方。

上 _ 为了给用过的蒸笼等留出晾干的地方，开放式收纳架的最上层通常什么都不放。把东西晾在这里，确实很快就干了。
左下 _ 一直寻找合手的皮质连指手套，终于找到了这款法国的库存品。
右下 _ 家里迎来了新餐具，白色器皿是日本陶艺家喜多村光史的作品。

要考虑到饮食的分量和均衡

这是为乔尔·卢布松（法国顶级厨师）的迷你汉堡包拍摄的照片。
从这个角度照出来的汉堡显得很可爱。

左 _ 用长谷园的陶土锅烧竹笋饭。可以说
它是最适合烧什锦饭的砂锅。
右 _ 茉莉花和香菜充足的鸡饭。食器是日
本陶艺品牌 Yumiko Iihoshi 的产品。

相比每一顿饭
更注重一整天的饮食平衡

说到 Irodorco 的 instagram，最有特色的要数大量的料理照片。她在食材选择和烹饪方法上很讲究。"讲究倒谈不上，但只要是能自己做的就尽量自己做，不去外面买。这样既放心，又经济实惠，而且还满足了我想尝试的好奇心。" Irodorco 说。

每日的食谱既要满足家人要求，又要力求"营养均衡"，而且家里还有正在长身体的"小男子汉"，分量也要保证。Irodorco 说，与其为每一餐该吃什么烦恼，不如整体考虑一日三餐的均衡饮食更轻松。"最重要的还是全家一起享受美味。要为此竭尽全力！" Irodorco 说。

左上 _ 把浸满意大利香醋和蜂蜜的草莓、蓝莓堆在高高的松饼上。色彩也很漂亮！

右上 _ 浆果苏打水里加入蓝莓果实和香橙薄荷叶，让口感更清爽。

左 _ lrodorco 说："能自己做的就尽量自己动手做。"左边的照片是手工制作的葡萄柚和生姜青柠冰棒。"木棍扎得太深，手拿处只能勉强捏住。"（笑）

能自己做的尽量自己做
顺便满足好奇心

尽可能多吃应季食物

上 _ 盛放饭团的食器是陶艺家安藤雅信的作品。

左 _ 火炉上的蒸笼里正蒸着肉包子。这是 Irodorco 家冬天必做的美食。

选择家具时
把舒适感放在第一位

"室内装饰和家具都以简约而不易厌倦的设计为主。我比较重视居住的舒适度。易于搭配的四角形家具较多。"Irodorco 说。

她还表示，因为已经决定了配色方案，所以不会在选择颜色上犹豫不决。但沙发或地毯等空间面积较大的家具则要选利于视觉的颜色，比如避开白色，选择淡米黄或淡灰色等。

"我也很喜欢花，但房间里装饰的还是绿植更多。大株的绿植可以观赏很长时间，所以很喜欢。"Irodorco 说道。花和绿植虽然带来视觉的愉悦，但终归还是装饰物，因此放置时不要影响家人的日常活动。另外，Irodorco 也不在餐桌上放有可能影响进餐的香味过大的绿植。她说："重要的是结合家人的日常生活来设计和配置包括绿植在内的居室装饰。"

复古风格的居室陈设和现代派的苹果电脑，看似互不协调的元素却在电脑室里和谐共存。椅子是 Tolix 品牌，台灯购自二手家具店。

右图是餐厅的墙壁。墙砖是 Irodorco 亲自贴的。咖啡豆形状的磁铁是手工制作的。因为先在墙上钉了钉子，所以磁铁能吸得很牢固。左下图是复古铁桶，代替垃圾箱使用。右下图有一摞沙发靠垫，外罩被取下拿去清洗了。Irodorco 说她很喜欢这张照片。

收集中意的杯子，享受幸福的咖啡时间。很有味道的复古咖啡磨具。并排摆放的杯子分别是 Yumiko Iihoshi 及 OXYMORON 的产品。

**绿植要放置在
不妨碍家人生活的位置**

剪下几株庭院里的圣诞玫瑰，挂在复古风格的梯子上，做成干花。这样的展示方式放在居室也非常漂亮，值得借鉴。上面的照片是变成干花的样子。

"牛油果长得非常快。这个星期还买了牛油果 2 号、3 号和 4 号。"Minmin
说。她现在正痴迷于牛油果的水栽培法。在 instagram 上屡屡被问到的
植物架子是宜家的商品。因为很喜欢，她正考虑再买一个三层的。

感受家人的存在
彼此共度的时间

Minmin 的照片以精致的家居为主题，在 instagram 上很有热度。她开始用 instagram 是为什么呢？"还是因为盖了自己的房子。在此之前也有其他私人号，不过开始盖房子以后，就重新开了这个号，用它代替日记，直到房子盖好为止。"Minmin 说。

她的 instagram 上有房子的外墙和内装顺利进展的照片，也有 Minmin 收到与订单不同的货品也淡然处之的照片。总之，都让粉丝很感兴趣。最后，房子终于大功告成了。"因为是三口之家，总是很在意彼此间的存在感，所以除了卧室以外，设计上尽量避免用墙分隔空间，保持居室宽敞。"Minmin 向我们介绍着房子的用心之处。

正如她所说，照片中可见家人惬意地待在宽敞明亮的客厅里。两只爱犬晒太阳的样子也很可爱。

---

amiagram

https://www.instagram.com/amiagram/

data

家庭成员：老公、女儿、两只狗
住所·建筑形式：千叶县·独幢住宅

Minmin 在 instagram 上的照片以"布置房屋"为主题，包括房屋施工的样子、一家人的生活以及爱犬的照片等。讲究的家具、手工完成的家居装饰，还有品种丰富的绿植等纷纷登场。

Minmin 女士

居家时间

☐ 6:30
起床
↓

☐ 7:00
做早餐／做便当／洗衣物
↓

☐ 9:00
送孩子／遛狗
↓

☐ 10:00
整理院子／扫除
↓
现在正在院子里 DIY 一个小储物室。今后还打算铺上草坪等，展开紧锣密鼓的计划。

☐ 11:00
慢跑／健身
↓
休息日和老公一起跑步，多的时候能跑 5 公里。

☐ 12:00
沐浴／吃午餐
↓

☐ 13:00
做自己感兴趣的事
↓
有时候继续整理院子，有时候做点心。最近痴迷用榨汁机做蔬果汁。

☐ 15:30
接孩子／遛狗
↓

☐ 17:00~18:00
辅导孩子功课
↓
孩子不是每天都有功课，所以每日安排不尽相同。女儿学习茶道，还说要自己做日式点心，于是开始做落雁（一种日式点心。用淀粉、糯米粉等加入白糖后放入模子压出花形。有的落雁里还有小豆、栗子等馅料）。

☐ 18:30
购物／做晚餐／吃晚餐
↓
晚餐比较节制，基本以蔬菜为主。经常做蔬菜意大利面。

☐ 20:00
沐浴
↓

☐ 23:00
给老公做晚餐
↓

☐ 23:30
就寝

女儿的朋友来家里住，次日清早大家一起吃早餐。周末经常有朋友来住，餐桌因此非常热闹。家里的两只贵宾犬，一只对餐桌毫无兴趣，只顾晒太阳，另一只则眼巴巴地等着分享桌上的美食，鲜明对比很有趣。

和家人、朋友共进早餐
新的一天开始了

Minmin 说："在生活上没有什么特别的规定。如果一定要说的话，就是不时提醒自己要快乐地微笑着生活。"她觉得自己是"做任何事都要努力到极限的类型"。正因为如此，为了避免过度努力、筋疲力尽的自己在家人面前表现出不高兴的神情，她时刻注意"凡事要都要适可而止"。"要让家人总是看到微笑的我，不能努力过头。所以扫除和一日三餐的目标也是'恰到好处'。"她说。

但 Minmin "凡事做到极致"的性格在家中随处可见。最典型的莫过于和女儿一起做的小商店。在 DIY 组装的货架上，用在百元店买的盒子和黏土制作的小商品琳琅满目，完成度之高令人吃惊。可以想象，玩商店卖东西的游戏绝对乐趣十足！

我想让家人
随时看到我的笑容

上 _ 在百元店买的乒乓球和球拍，餐桌变身乒乓球台！

左下 _ 可爱的家庭成员——贵宾犬 Toi 在沙发上休息。

右下 _ 这是 Minmin 和女儿一起做的小商店。精美程度令人叹为观止！

从零开始制作的乐趣
院子和房间都不断提升

Minmin 自家的小花园正在修建中。即将完工的储物小屋是 Minmin 一家人从打木桩开始修建的纯手工建筑。六角形的设计既有个性又不失可爱。"我们打算在这个小屋前面开辟一个可以喝咖啡的空间。还想在院子里种一棵大树作为家的标志，中意的树已经买好了。"Minmin 说。

对于院子的设计，Minmim 一家有各种计划，比如铺草坪、制作木板露台，接下来要和工程公司具体商谈。

不仅是院子，居室内也装饰着很多绿植，让人印象深刻。"屋里的绿植以捕捉小虫子的食虫植物为主。主要是觉得孩子可能对这样的植物感兴趣，另外也不想在家里放置捕蝇工具。"Minmin 说。

原来他们的每个设计背后都有其道理。

上 _ 打好地基，栽上树木，涂上水泥。全家人一起从零开始亲手搭建的储物小屋甚是可爱，用来当仓库都觉得浪费了。

下 _ 参加澳洲植物讲习活动时混搭种植的盆栽。澳洲植物和日本植物的外形很不一样，很有意思。

上 _ Minmin 和女儿一起手工做的点心——落雁。成品的颜色不如外面卖的漂亮，但味道特别好。Minmin 与女儿都特别着迷。
下 _ 想尝试用非自动化的电器做饭。想起了露营用的便携炉灶，有了它连石锅烧饭都能做熟！

精华全部渗出的草莓有着软糖般的口感。可以把它与酸奶等各种食物混合食用。看着罐子里的原料一点点变成草莓糖浆，内心充满喜悦。

最喜欢手工制作
和女儿一起
花了很多心思做东西

得益于住宅的地理位置，Minmin 家可以得到新鲜的蔬菜和水果，一日三餐自然以蔬菜为主。"最近一直在关注植物化学方面的话题（有关从蔬菜、水果、豆类、薯类、海藻、茶叶等植物性食品的色素和香味等成分中发现化学物质的研究。这些物质有提高人体抗氧化力、免疫力等功效，对维持及改善健康有帮助），所以经常用搅拌机制作蔬果汁和蔬菜汤。"Minmin 说。

为了让孩子对食物产生兴趣，Minmin 通常选择能和孩子一起做的料理。"我和女儿都喜欢动手做东西，所以我们到处查找，试着做一些有意思的东西。最近，我们迷上了做冰激凌和落雁。"她告诉我们。

草莓糖浆

"用 800 克草莓可以制作 1 升草莓糖浆"

[原料比例] 草莓：砂糖 = 1 ： 1.1（砂糖稍多）

1. 把瓶子放进热水中，煮沸 10 ～ 15 分钟消毒。瓶子里面也用开水消毒。

2. 将草莓洗干净，按照一层草莓一层砂糖的顺序在瓶子里铺好。

3. 常温放置一周左右。偶尔把容器倒置，等待砂糖融化。

4. 待草莓精华全渗出后就完成了。

在平稳的色调中
穿插明亮的颜色

宽敞明亮的客厅。家具的配置使客厅的存在感更加
突出。

Minmin 如何选择家具呢？"居室整体以核桃色为
基调，然后点缀一些亮色，避免色调太沉闷。"她说。
正如 Minmin 所说，在客厅整体平稳的色调中，漂
亮的蓝色沙发非常醒目。据说在购买的时候，居室
装饰顾问推荐的是黑、白、灰三色，但他们坚持选
择了蓝色。Minmin 说，经常有人问她沙发是什么
牌子（Kokoroishi）的。大概因为是蓝色，容易给
人留下印象。

另外，Minmin 也非常注意家具的高度。为了不产
生视觉上的压迫感，她家里除了冰箱以外不放置过
高的家具。为此，放餐具的橱柜也放弃了吊挂收纳
的样式。"家里的橱柜选的是能收纳很多东西的长
而有进深的款式，为了保证能放进厨房里，建房子
时特意调整了厨房的大小。我还是喜欢简约而有设
计感的家具。"她说。

左 _ 女儿床的上方装着从宜家买的纱帐。

右 _ 孩子房间的壁橱。考虑到经济成本，没有装门。利用节约的开支 DIY
了读书空间，做得有模有样。

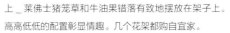

上 _ 莱佛士猪笼草和牛油果错落有致地摆放在架子上。
高高低低的配置彰显情趣。几个花架都购自宜家。

下 _ 对这株日本吊钟花的形态一见倾心，毫不犹豫地买
回家。铁质材料的花瓶购自 Nitori。Minmin 能够准确
发现物美价廉物品的能力很值得学习。

能感受到家庭温暖的
开放式厨房

厨房的设计也遵循同样的思路，不设隔断，也不放太高的家具。"充分考虑到冰箱周围需要定期打扫，而且今后可能发生故障、需要更换等问题，设计厨房时预留了足够的空间。"Minmin 说。

同时还考虑到，站在厨房里也要能看到家人在客厅里的活动。Minmin 的想法是，没有遮挡物的宽敞空间对于一家人传递亲情很有好处。

上 _ 厨房水龙头的形状也很讲究。选的是价格适中、造型时尚的 SANEI 品牌。

中 _ 橱柜上只放了一套茶具。家里烧饭不用电饭锅，而用砂锅。

下 _ 厨房前面是收纳空间。放在表面上的东西很少，打扫起来也很轻松。

据说，这个讲究的橱柜的进深是按照嵌入式烤箱的
大小决定的。橱柜呈现利落的美感。凳子品牌是
BoConcept。灯的品牌是 Orient Pendant Light。

左上角的椭圆形盘子是新买的陶艺家池田优子的作品。与以前
买的陶艺家林拓儿、八木桥昇、小泽基晴的食器作品相得益彰，
颇具美感。另外，日式食器与西餐搭配也非常和谐。

Kozue 女士

不为生活所累
感受绚丽四季

Kozue 说："第三个孩子出生以后，我几乎被拴在家里无法外出，想寻找能在家做的事情，于是开始了 instagram。对于怕麻烦的我来说，朋友几次三番的热情推荐起了很大作用。"

Kozue 的 instagram 可谓色彩绚丽。除去每天的料理照片以外，房间里随处可见的鲜花也是名副其实的"锦上添花"。花和绿植的魅力自不必说，不同房间里的花瓶也是造型各异，千姿百态，让人赞叹不已。"每天带孩子都很忙碌，正因为如此，才要尽可能排除生活的倦怠感，多摆些鲜花和绿植，感受四季和大自然。"Kozue 说。

虽然照片数量不少，但 Kozue 在内容上很有节制，并没有一味追求高级或紧跟流行。"要'量身定制'适合自己的生活，平时我总会这样提醒自己。"

koz.t
https://www.instagram.com/koz.t/

data

家庭成员：老公、长子、长女、次女
住所·建筑形式：爱媛县·独幢住宅

鲜花及绿植装点着 Kozue 家一年四季的生活，也让她的 instagram 绚丽夺目。和式房间、和式点心等日本元素与面包和咖啡等西洋元素珠联璧合，这样的生活给人充实的感觉。Kozue 的 instagram 收获了来自粉丝的巨大支持。偶尔出镜的孩子们也憨态可掬。

Kozue 女士

居家时间

☐ 6:00
起床
↓

☐ 6:00~7:00
家人吃早餐／自己做便当
↓
便当只是把前一天剩下的东西或常备菜装进饭盒而已，很
快就能做好。

☐ 7:00~9:00
自己吃早餐／看 instagram
↓

☐ 9:00~10:30
扫除／洗衣物
↓
扫除和洗衣集中在上午进行。扫除工具越简单越好，这
样才不会困扰自己。清扫桌子、地板、卫生间、浴室时
使用小苏打。

☐ 10:30~12:00
陪孩子
↓

☐ 12:00~13:00
午餐
↓
天气晴朗的日子，这个时间段的阳光很灿烂，经常用来
拍照片。

☐ 13:00~16:00
陪孩子
↓ **孩子午睡时自由活动／零食时间**
闲暇时也会和孩子一起做点心。

☐ 16:00~19:00
买东西／做晚餐
↓
做晚餐时，要把次日便当需要的菜做好，或者完成准备
工作。

☐ 19:00~23:00
**做晚餐／餐后收拾打扫／哄孩子睡
觉／沐浴**
↓
放置物品的位置以方便家人收拾为准。

☐ 23:00~24:00
自由时间
↓
回复 instagram 的留言也在这段时间。

☐ 1:00
就寝

精心下午茶

在 Kozue 的 instagram 上，可以看到精致的下午茶照片。里面的和式点心、西式蛋糕种类丰富。Kozue 对点心或下午茶有什么讲究吗？"没有什么特别的讲究。如果可能的话，我希望自己亲手制作点心，但是现在时间还不允许。等以后时间充裕了，我打算和孩子们一起做纸杯蛋糕和果冻。"Kozue 说。

照片里的铁壶（上图）是朋友送的礼物。

左 _ 将开败的绣球花叶片集
在一起，放在小盘里。把它摆
在玄关的架子上就可以装点空
间，真是精妙的小创意。
右 _ 菖蒲和绣球都是 Kozue
喜爱的花。索性都插在这个玻
璃花瓶里。

顺应四季变化
让生活张弛有度

Kozue 说："房间的布局是配合家具设计的，所以不能有太大变动。
作为弥补，就经常摆些鲜花和小装饰让居室有些变化。"
通常按季节不同选择颜色鲜艳、形态美观的花，也会根据摆放
位置来选择花的品种。比如因为视线可以从客厅直接看到厨房，
就在厨房里摆上大株的绿植或大朵鲜艳的花。"多余的枝叶或较
小的花朵插在果酱瓶或从国外淘来的可爱瓶子里，装点在洗手
间或洗手池等处。"Kozue 说。
还有屋子的"脸面"——玄关。Kozue 通常放置有香味的花来招
待客人。她家的玄关是和式的，所以会选择姿态凛然的花。"为
了不让有限的空间产生压迫感，可以提前买几个大小不一的透
明玻璃花瓶备好，这样无论插什么花都能从容应对。"Kozue 说道。

左 _ 邀请插花老师在
Kozue 家办起插花工作坊。
这是在用黄栌做花环。

右 _ 一大束黄栌，直接插
在花瓶里能观赏很久，也
可以做成干花。

找准花材色彩和姿态的平衡点

远藤素子制作的陶器里插着香雪兰。Kozue
也经常选择有质感的日式食器来插花，营造
出不同于玻璃花瓶和竹筐的效果。

Kozue 在某次比赛中获了奖，奖品是这款
中园晋作的陶器。里面插上绿色的绣球放在
榻榻米上，给人秀美之感。

拉开 Kozue 家的格子拉门，就是颇有味道的榻榻米日式玄关。灯心草的香气让来访的客人心情舒畅。

利用"隐藏在内"的居室装饰
让房间更利落

建房子的时候，Kozue 有两点设计上的执着之处。一是厨房旁边放置电冰箱的空间，二是放电脑的书房。

"这两个地方都很容易成为堆积物品的死角，所以我想把接线和插座集中放在它们附近。这样在一定程度上保证了客厅和厨房的整齐利落。"Kozue 表示。

除了放电冰箱的空间以外，为了把在旧家使用的橱柜合适地放进新家的厨房，建房子时也做了一番设计。由此可见，居室装饰既包括展现在外的部分，也包括隐藏在内的部分，这两部分要分而治之。Kozue 说："想用鲜花和树枝来营造有季节感的房间，所以展现在外的家居装饰要选择不妨碍花卉颜色的，米色和茶色是主色调。"

Kozue 很喜欢竹筐，有时她也在筐子里插花，作为居室装饰的点缀。

居室色调以不和花卉、植物颜色冲突为主

左上图是放置在壁龛里的日本吊钟
花。左中图是 Kozue 心仪的竹筐和
红梅。右中图是在 Seria 买的人造花。
在 Kozue 的 instagram 上，每一
张居室的照片里都会出现花和绿植，
它们都被摆在不干扰家人活动的位
置上。居室内的基础家具多为不与
花卉颜色相冲突的自然色系。

选择看了不会产生压力的东西

对于物品繁多的厨房，Kozue 动了一番脑筋，最终她选择了展示性收纳。"固定的收纳空间里，存放着大量平时不用的东西和不想让别人看的东西，没有多余的地方。对于锅、厨刀、水壶及咖啡机等每天要用的东西，要进行展示性收纳，优先考虑物品的设计感，要选择放在外面也不觉得奇怪的东西，以及不会造成压力的东西。"Kozue 说。

现在的厨房正是 Kozue 对物品精挑细选的结果。另外，因为有三个孩子，所以基本的收纳原则是孩子们也能轻松做好。要尽量把东西放在孩子们也能拿到的位置。"还有小杂鱼干、海带等干货，以及红茶、绿茶等茶叶等都各自放入同样的瓶子里。这样可以避免凌乱，有客人来的时候也能够从容地取放。"她说。

厨房是开放式的，可以坐在那里轻松享受下午茶。

女儿站在 Norrmade 的板凳上。

木瓜是朋友送的，说是有除臭效果。装洗涤
剂等小物件的盒子是在宜家买的。

除了主菜以外
副菜以蔬菜为主

Kozue 构思每天的菜谱时，非常注意蔬菜的摄取。主菜通常以肉或鱼为原料，副菜至少要保证三道蔬菜。

Kozue 说："老公和公公、婆婆都爱好种植有机蔬菜，所以我家的食谱基本以蔬菜为主。在饮食上绝不能图便宜，如果觉得对身体无益，再便宜也不能选。"

比起要求手脚麻利的中餐或意大利餐，Kozue 更擅长只需要小火慢慢炖煮就能获得的美味料理。

装盘时最好让菜堆起一定高度，这样有立体感。这是拍出漂亮料理照片的秘诀。

当我们问到有什么精美的餐具时，她说："买新餐具的时候，会选择与家里现有的餐具放在一起也能自然协调的款式和颜色。餐具也有流行一说，但我尽量不过分追逐流行。"

上 _ 手头实在没有什么食材的时候，通常做亲子盖饭（以鸡胸肉、鸡蛋为主要材料制作而成的盖饭）。Kozue 说："只要高汤做得好，就能保证美味。"

左下 _ 买了猪排三明治，在朋友家共进午餐。

右下 _ 即使食器形状各异，制作者不同，只要颜色大体一致也会有统一感。

左_超人气面包店 CENTRE THE BAKERY 的吐司，切开做成了外表气派的三明治。虾、西红柿和生菜的颜色搭配在一起，非常鲜艳。高脚食器是陶艺家加藤 Kazumi 的作品。

右_再现 Kozue 老家爱媛县的老字号餐厅 "DUET" 的甜味肉酱意大利面。淋上少许橄榄油，实在是绝妙的美味。
下_星期日的早餐是用松饼粉制作的松饼塔。

左上 _ 洗衣粉是对皮肤刺激很小的产品，在环保商店买的。天竺葵的香气十分怡人。

左下 _ 玄关处放着绿植，很清爽。椅子是从古董市场淘来的。

右上 _ 家人都很喜欢的梅子糖浆。把梅子分别用冰糖＋生姜两种配料腌制。

右下 _ 让客厅成为家人可以放松的宽阔空间。沙发是 Wegner 的产品。

Ryoko 女士

理解家人
过适合自家的生活

优质高雅的家具和织物制品，看上去非常美味的便当，让人忍俊不禁的家庭生活掠影……透过 Ryoko 的 instagram，我们可以看出这家人精致的生活。"为了让生活更舒适，要好好关注自己及家人的年龄、生活节奏、兴趣爱好等，寻找适合自家的生活方式和方法，这是最重要的。"Ryoko 说。

Ryoko 表示，在一定程度上借鉴"某某的生活方式"是可以的，但还是要考虑那样的生活是否适合自己和家人。"我认为即使去模仿某个人的生活，不断勉强自己也不会开心。首先要忠实于自己的内心，努力让家人和自己轻松舒适，不勉强。"

为此 Ryoko 给自己提出的口号是：把精力集中于当下，珍惜每一天。

ryoko1125

https://www.instagram.com/ryoko1125/

data

家庭成员：老公、长子、次子

住所·建筑形式：福冈县·独幢住宅

"作为日记的代替，向大家展现一下每天的生活片段吧。"Ryoko 就这样开始了 instagram。与家人的愉快生活，激发食欲的美食，漂亮的居室照片，Ryoko 的 instagram 转眼就博得了大家的喜爱。她经常上传的便当照片非常抢镜，在粉丝中大获好评。

Ryoko 女士

居家时间

6:20
起床
↓

6:30
做便当／做早餐
如果有晾干的衣物，要把它们叠起来
便当要充分利用前一天做好的菜及常备菜。遇到学校放长假，孩子们要去学童管理班时，要做全家的便当。

6:55
吃早餐／餐后打扫整理
↓

7:30
目送孩子们去上学
↓

7:50
简单扫除
用吸尘器打扫客厅等地方,打扫需要"每日保洁"的地方。

8:10
上班
↓

17:35
下班回家／吃点零食稍事休息
↓

18:00
做晚餐
次日便当需要的菜也在这时间准备。

18:30
沐浴

19:00
吃晚餐
↓

20:15
一家团聚的时间
大家集中在客厅里，聊聊当天的事情

20:40
准备让孩子们睡觉
因为想留出夫妇二人独处的时间，尽量在 21 点前让孩子们睡觉。

21:00
孩子们就寝／夫妇二人的时间
咖啡伴甜食，有时也和老公吃夜宵。

00:00
就寝

最重要的是
不要强词夺理

Ryoko 的家庭生活由四个人——自己、老公和两个儿子——共同组成。在她的 instagram 上有许多美好的家庭生活照片，比如老公和儿子们亲手制作母亲节蛋糕等。

为了让家人更舒适地生活，Ryoko 平时都注意哪些呢？"最需要注意的是任何事情都不要太坚持自己的立场，要尽量贴近对方的感受。"Ryoko 说。

比起是非对错，更重要的是让家人心情愉快。不管什么事，都要尽可能一家人合作解决，重视彼此之间的沟通。"为了家人能一起心情舒畅地生活，沟通真的很重要。"Ryoko 由衷地说。

透过 instagram 上一张张生动的家庭照片，我们似乎可以听到一家人在"絮絮叨叨"地唠着家常。

上 _ 在客厅里玩积木的弟弟。他正在挑战类似鲁布·戈德堡机械装置的多米诺游戏。
左下 _ 坐在单人沙发上休息的哥哥。全家人都喜欢坐这个沙发，这个地方格外受欢迎。
右下 _ 受哥哥之邀一起去看棒球比赛。两个人都穿了 ALL STAR 的鞋，看着很可爱。

喜欢就算每天吃
也不会厌烦的朴素调味

"孩子们对鸡蛋和乳制品过敏，所以我做饭时总是格外小心，要让家人每一餐都吃得安全、美味。"Ryoko 说。

Ryoko 住在福冈县，那里是各种山珍海味一应俱全的地方。将当地的应季食材辅以简单日式调味是她家烹饪的主流。"要注意食物的营养、味道、口感及颜色，要均衡摄取食物。"Ryoko 说。

孩子们非常喜欢吃白米饭。所以 Ryoko 准备的常备菜中也时常增加什锦羊栖菜、胡萝卜炒牛蒡丝、煮南瓜、萝卜干炒胡萝卜等家常又下饭的菜。"像这样久吃不厌、味道朴素的家常菜似乎特别适合我家两个孩子的口味。"她说。

摆盘时要留意菜量在食器中的分寸，适当留有余白能让料理看起来更美味。

上 _ 家人去看棒球比赛了，Ryoko 一个人的茶点时间。铝制托盘是 Yumiko Iihoshi 的手工艺品。
左下 _ 用手持搅拌机手工制作的新鲜西瓜汁。玻璃杯是玻璃手工艺家辻和美的作品，托盘是 Yumiko Iihoshi 的产品。
右下 _Ryoko 说，要"扮成小酒馆老板娘的样子"为老公开个生日会。餐桌上摆着老公爱吃的中式点心。

制作常备菜的时间标准是一小时以内。常做的菜有胡萝卜炒牛蒡丝、南瓜沙拉、煮荷兰豆、核桃仁炒胡萝卜丝、腌制红甜椒、糖渍红薯、煮羊栖菜和煮芦笋。

有时候，孩子们还点名要吃咖喱莲藕炒牛蒡、芝麻拌小松菜、煮秋葵、蒸玉米、糖醋茄子、炒蘑菇及煮鸡肉。

普罗旺斯杂烩（法国南部城市普罗旺斯和尼斯的特色菜，由茄子、洋葱、西红柿等多种蔬菜杂烩而成）、煮鸡胸肉、蒸玉米、蒸花椰菜、肉末咖喱牛蒡丝、盐渍黄瓜丝等可以直接装进便当的常备菜，也非常方便。

右边是哥哥自己制作、自己装盒的
蔬菜肉卷便当。实在是了不起！

家人的便当里只想放他们喜欢吃的东西

在 Ryoko 的 instagram 上，便当照片大受欢迎。那些诱人食欲的便当不光有米饭、配菜的经典搭配，还有墨西哥饭便当、炒面便当等不寻常的种类，带来丰富的视觉享受。"虽然每天的便当都大同小异，但也尽量用应季食材来做。"Ryoko 说。

Ryoko 坚持不在便当中放孩子不喜欢的食物。她觉得让孩子克服对某种食物的抵触，还是要在有家人陪伴的晚餐时进行为好。"便当就是爱吃的食物大集合，里面都是好吃的东西。我做便当的时候就希望他们能这样想。"Ryoko 对我们说。

在 instagram 上还出现了哥哥自己做便当的照片。"便当就是快乐与美味的集合"，对于 Ryoko 的心思，哥哥一定已经心领神会了。

炒面便当。面条类便当容
易陷入千篇一律的俗套，
所以特别注意用配菜来增
加变化。夏天要装上冷袋，
充分保证温度。

鸡肉饭和肉饼便当。因
为前一天晚餐吃咖喱，
所以没能装进便当的
菜，不过看上去依然很
好吃。便当盒是"野田
珐琅"的产品。

炸鸡肉块便当。放了胡
萝卜炒牛蒡丝、萝卜干
炒胡萝卜、煮南瓜等常
备菜。有了常备菜，准
备便当就轻松不少。

左 _ 厨房里的东西全都放在不妨碍全家人——包括孩子在内——走动的位置。

下 _ 往衣橱里挂衣服时，有意识地在长度和颜色上形成自然过渡。

适度粗线条的收纳
也方便孩子

Ryoko 家厨房收纳的基本原则是，不仅要方便 Ryoko 自己，也要让进出厨房的家人觉得清楚明了。"橱柜里的食器也是为了方便孩子们使用放置的。" Ryoko 说。

从照片看，Ryoko 对于收拾整理似乎很在行，但令人意外的是，厨房的抽屉等地方却收拾得大而化之。其实这也是有理由的。"在空间上多少留出些空余，孩子们拿东西、放东西才不费力。也就不会让他们产生心理上的压力。" Ryoko 解释道。

锅和大号的碗等也同样是"随意"收纳在抽屉里。的确有充裕的空间才好拿。"衣服的收纳并无特别讲究之处。用衣架把衣服挂在衣橱里的时候，按照长度和颜色逐渐过渡的顺序排列，看起来会显得很整齐。" Ryoko 说。

杯子放在抽屉里，倒置收纳。取出后再放回到空的地方就可以了，所以孩子们也很容易做好。

餐具类物品及保鲜膜收纳在微波炉下面的抽屉里。除了在 Seria 买的小盒子之外，装零食的空盒子也被用来分隔抽屉空间。

洗漱间的镜子里面是收纳空间，上层放老公的东西，下层放 Ryoko 的东西，分类用的盒子购自 Daiso。

放微波炉和烤箱的台子是无印良品的产品。装在墙上的收纳格子也购自无印良品。放在这里的杯子和玻璃杯偶尔更换，营造季节感。

以前一直使用 Nitori 的毛巾，每半年彻底更换一次，现在换成 scope 的了。收拾架子的时候，有意识地注意物品颜色的过渡，会看起来很清爽。

沙发是 Wegner 的，电视柜和收纳柜是无印良品的。在一天结束之际把东西整理好，让居室恢复整齐，这是 Ryoko 每天例行之事。

使用经久耐用的物品

Ryoko 很重视与家人的交流，所以在客厅正中央留出很大空间，方便一家人聚在一起。Ryoko 家居室装饰的准则是选择"简洁而不会厌倦的物品"。"客厅的椅子及单人沙发是 Wegner 的产品，之所以选择它们，并不是追求知名设计师的设计，而是看重它们与我家的氛围相吻合。"Ryoko 说。希望今后能慢慢增加可以常年相伴的高质量物品。

保持居室洁净的扫除按照既定日程执行。具体包括：每天用吸尘器打扫房间，洗面池和厨房随用随整理。每个周末擦拭家具上的尘土，每个月月末给当季使用的家电做保养，并且仔细打扫玄关。Ryoko 还说："扫除每过一段时间就要做，趁着房间脏得不厉害及时清理，其实是给自己减轻负担。"

餐厅的边桌上，展示着日本版画家
黑木周的版画和日本木艺家井藤昌
志的椭圆形木盒子。同时还装饰着
应季花草，可以感受季节的乐趣。

注重营造适合自己家的氛围

餐厅的橱柜是很有年代感的老式家
具。平时不用的日式餐具等收纳于
此。餐桌是在京都的家具店买的。
椅子是 Ryoko 喜爱的 Y-chair。

Hiyotaroo 女士

邂逅北海道的土地
在憧憬的原木小屋里生活

这是在北方大地的原木小屋里生活的一家人。女主人 Hiyotaroo 的 instagram 上都是她与家人日常生活的照片，她充满爱意地称呼自己的孩子和爱犬为"小可爱们"。"小可爱们"总是在照片里展露出无比美好的笑容。

Hiyotaroo 说，开始用 instagram 的初衷是希望建造这幢房子时，能给家人和房子留下记录。Hiyotaroo 家的房子是能够感受到木头温度的原木小屋。屋里还有几乎所有人都梦到过的尖顶阁楼和暖暖的柴火炉。小屋周围是广阔无垠的原生态土地，他们在那里开辟了自己的菜园。

"我和老公年轻时，都非常向往在这样的小木屋里生活，可那似乎一直是遥不可及的梦想。然而，邂逅这片土地之后，老公想要实现梦想的意念变得非常强烈，于是我们建造了这个家。"Hiyotaroo 说。

左上 _ 原木小屋自然地融入周围的风景。
左下 _ 天气好的时候在室外的木板露台上就餐。等候主人喂食的爱犬柯基很可爱。
右上 _ 自制的柠檬果子露好喝到令人感动。
右下 _ 孩子们也乐而忘返的家庭菜园。收获了今年最后一茬胡萝卜，孩子们露出灿烂的笑容。因为是自己种的，必然美味倍增。

Hiyotaroo
https://www.instagram.com/hiyotaroo/

data

家庭成员： 老公、女儿、儿子、爱犬柯基
住所·建筑形式： 北海道·独幢住宅

Hiyotaroo 因展现北海道原木小屋里的家庭生活而大受欢迎。一年四季中博大壮美的自然景象，亲切和睦的四口之家的柴米油盐，还有最难能可贵的原木小屋特有的柔和而温馨的氛围，无不带给粉丝们心灵的抚慰。而且 Hiyotaroo 的文字有让人想大声朗读的独特韵律。

Hiyotaroo 女士

居家时间

☐ 6:30
起床
↓
喝咖啡，放空一会儿。

☐ 7:00
做早餐／做便当
↓

☐ 8:00
洗衣物／整理起居室和厨房
↓
收拾房间，用笤帚把屋里地面的灰尘扫到屋外，让房间恢复干净整齐。休息日还要全家一起擦拭房间。

☐ 9:00
送孩子去幼儿园／自己去上班
↓

☐ 14:00
下班回家后，享受短暂的独处时间
↓
做点心、收拾院子、整理菜园子等各种劳动。

☐ 16:00
和孩子们一起吃点心
↓
遛狗、买东西。

☐ 18:00
去父母家准备晚餐、吃晚餐
↓
晚餐前要再次整理客厅和厨房，每天都要把屋里用扫帚扫几次。

☐ 20:00
回到自己家，沐浴
↓

☐ 22:00
读书／就寝

推开 Hiyotaroo 家的家门，便可饱览一年四季的自然景观。也许正因为如此，Hiyotaroo 才觉得每日都很不同。"樱花开了呢，多可爱的颜色啊！雪景真美啊！外面真冷，还是家里暖和啊……我要把这一个又一个的小小喜悦和感动用语言与家人共享，日积月累，每天如此。这是我和自己的小约定。"Hiyotaroo 说。与家人分享自己的心情，每天的生活会更快乐，Hiyotaroo 这样认为。

北海道四季分明，在这里能够充分享受每一个季节的乐趣。"冰雪消融之后开始耕地，夏天就尽情享受野外露营。秋天要抓紧时间为来年种地做准备，还要制作食物保存起来。冬天就乖乖待在家里，闷头做手工。"Hiyotaroo 向我们描述她一年四季的生活。

快乐的事情要与家人分享

左上 _ 去露营场的路上。古朴原始的拖斗车别有趣味。
右上 _ 今天的收获。洗褪了色的围裙还可以这样用。
下 _ 去附近海边钓鱼。钓上来的鲽鱼做成了美味的炸鱼块。

先好好陪孩子们
再做其他事情

Hiyotaroo 喜欢凡事顺其自然，但是在生活中也有需要谨慎用心的事情，那就是对待孩子们。"在我有很多家务或手工活的时候，一定会先满足孩子们的心愿，再做我的事情。比如夏天我就带他们去游泳池，或者陪他们在外面玩。当你认真面对孩子们的想法，好好陪他们一起玩，他们就会很满足，也会理解你的心情。"她说。

满足了孩子们以后，Hiyotaroo 开始做自己的事情。这样一来，家里的氛围令人吃惊的和睦融洽，而且最难得的是，Hiyotaroo 既可以集中精力工作，也能以愉快的心情度过每一天。这样的事情看起来很简单，但做起来其实很难。Hiyotaroo 与孩子们真诚相对的态度让人很有感触。

左 _Hiyotaroo 手工制作的芝士蛋糕，女儿的评价是"技术还差一点儿"。

右 _Hiyotaroo 发现，只要在屋外吃饭，女儿就可以在一半的时间里，吃平时两倍的饭菜。没有电视机的环境有益于孩子集中精力吃饭。

左 _爱犬柯基带着鲜花做的项圈，很漂亮。真是名副其实的"小可爱"。

右 _下雨天孩子在客厅里睡午觉。Hiyotaroo 家里有席地而卧的宽敞空间。

家里的氛围越来越温馨

在原木颜色的基础上
增加金属感

"建房子的时候，我们希望孩子们既喜欢在这里生活，也愿意在这里玩耍，所以设计了尖屋顶的小阁楼，还装上了大天窗。屋顶的小阁楼我也很喜欢。可让人意外的是，孩子们总是在外面玩，很少去那个房间。"Hiyotaroo 说。

夫妇俩从儿时起就对尖屋顶阁楼充满憧憬，把那里想象成秘密基地。

Hiyotaroo 说，她非常珍惜"烧得旺旺的柴火炉放在客厅中间，好像守护着全家人，让家人感到这是一个稳稳的家"。居室装饰方面，夫妇俩并没有什么特别的讲究，选择了不太张扬的简约木质家具，以及作为点缀的黑色铁质家具。为了不让铁质家具太过粗犷，留意了它与整个居室的协调感。就这样，氛围温馨却不过于原始的居室装饰完成了。

上 _ 在木纹的基调上，点缀铁金属，室内装饰给人冷静之感。

左下 _ 原木小屋的外观选择复古风格。越住越有味道。

右下 _ 夜晚使用暖色照明灯，在灯光和木头的"相乘效果"下，居室氛围也变得很柔和。

让家成为孩子们可以快乐玩耍的地方

上 _ 色调沉稳的沙发是家人放松的地方，也给居室增添了厚重感。

下 _ 屋顶阁楼是放孩子玩具的房间。为了给孩子的童年留下美好回忆而特意设计的。

上 _ 家庭菜园分割成不同区域，培上腐殖土，从零开始耕种。孩子们也积极参与进来。

下 _ 火炉用的木柴保管在通风良好的地方。爱犬柯基也知道这里通风好。

应季而食

吃着自家菜园里采摘的蔬菜，家人都说："真甜，真好吃啊！好高兴啊！"不用问，自己种的蔬菜一定是最美味的。"秋天的时候，我们把房子周围的枯叶收集起来，做成菜园的腐殖土，或者孩子们从四处找来很多蚯蚓放到土里。我们希望用这样完全自然的方式进行耕种，只要能收获足够家人吃的蔬菜就可以了。"Hiyotaroo 说。

饮食方面，Hiyotaroo 也没有什么特别注意的事。附近海上捕捞的新鲜鱼贝很容易得到，还有周围农家送来的刚采摘的新鲜蔬菜，再加上自家菜园种的菜。住在这里，应季的新鲜食材真是享用不尽！"我们只是一样接一样地品尝大自然馈赠的食材而已。"Hiyotaroo 说。

像照顾菜园一样照顾着这个小花圃。里面种着从公婆家分株的花，想着"总有办法养活吧"，就开始栽培了。

左 _ 女儿正探着头观察水缸里的蝌蚪和青鳉鱼。这就是身处大自然中的妙处。
右 _ 不同用途的铁锹并排挂在院子里放工具的地方，一来拿着方便，二来沾在上面的水和泥也容易干。

喜欢的东西会一直用下去

厨房里都是 Hiyotaroo 用得非常顺手的厨具。从做面
包用的板子到擀面杖，Hiyotaroo 都喜欢木制的。

得心应手的餐具，黑亮亮的平底锅，Hiyotaroo 的厨房里有许多颇具怀旧感的工具。"几乎所有的厨
具都是从结婚后一直用到现在。感觉它们像家人一样重要。所以，我在 instagram 上也没有刻意隐藏，
而是尽情展现家里的生活景象。"Hiyotaroo 说。

也许我们从照片里感受到的怀旧氛围，正是厨具在经年累月使用后散发出的历史味道吧。

Hiyotaroo 家的客厅（放松之所）和厨房（做饭之所）基本上是两个独立的空间，这样设计是为了让
孩子们的生活张弛有度。不过 Hiyotaroo 苦笑道："遗憾的是似乎执行得不太好……"想必在孩子们
眼中，一个放满母亲熟悉的用具的空间，也等同于可以放松、玩乐的场所吧。

常年使用的平底煎锅旁边，挂着巨大的煮章鱼脚。这也是来自北海道大自然的馈赠。

在院子里摘下柠檬香脂草，放到冰水里，就成了清爽的香草水。

不要努力过度也很重要

刀、叉等餐具也多为木制品。中间的瓶子里装的是苹果酵母精华，是做面包用的。

Hiyotaroo 说："经常有人说我生活得非常精细，实在是过奖了。其实我一直让自己适可而止，不要努力过度。"

希望亲手做的面包和蛋糕
能成为孩子们"回忆"的味道

"我不擅长做饭，那些高雅又精美的料理基本与我家的餐桌无缘。（笑）我们通常和公婆一起吃晚饭，所以饮食上以日本料理为主。" Hiyotaroo 说。

Hiyotaroo 家最得天独厚的资源还要数那些可以轻易得到的应季鲜鱼、蔬菜。而且，他们很重视一家人围坐在一起，边吃饭边聊天。关系和睦的餐桌上，才能品尝到最美味的食物。

Hiyotaroo 尽量自己制作点心。在她的记忆中，小时候也是由母亲亲手做面包、松糕、华夫饼、蛋卷等给家人吃。"说实话自己也想吃，而且，孩子们今后也会为人父母，给他们的孩子做点心。希望他们在闻到点心的香气，品尝美味的时候，也能回想起儿时的家，那一定非常美好吧！" Hiyotaroo 说。

上 _ 在爷爷奶奶家帮忙准备晚餐的"小可爱们"。今晚吃的是蕨菜味噌汤、煎鲑鱼、蔬菜煮萝卜泥。果然是丰富摄取天然食材的美味菜谱。

下 _ Hiyotaroo 亲手做的水果蛋糕。苦恼的是它无法立在盘子里。

上 _ 用 10 个完全熟透的西红柿做成的番茄酱，还有手工制作的橘子果冻、梅子糖浆。香蕉放久变黑了，于是变身为香蕉蛋糕。在烹饪这些食物之前，Hiyotaroo 总会先陪孩子们尽情玩耍，孩子们尽兴之后，Hiyotaroo 也能工作得更踏实、更投入。

右 _ 早餐吃墨鱼饭，当地特有的食物。

孩子们百吃不厌的手工甜甜圈。这美美的味道一定会成为他们的回忆，这就是"母亲的味道"吧。

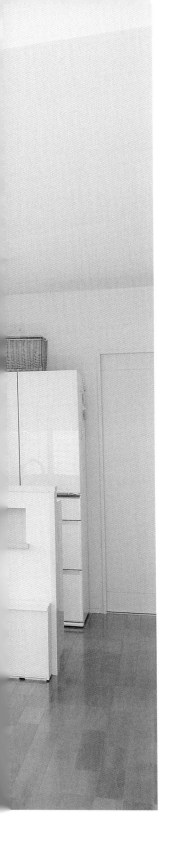

Osayo 女士

和真正重要的东西
简单地生活

Osayo 的 instagram 上，除了有让人心情放松的家庭生活、便当及居室装饰的照片以外，还有很多充满创意的扫除、整理东西的照片，让人觉得"可以在实际生活中借鉴"。这些小创意都和 Osayo 的目标——简单生活息息相关。"用'断舍离'的方法严格筛选家里的东西以后，我由衷感到做家务轻松了不少。这其实与我'简单生活'的目标不谋而合。"她说。

但是，Osayo 也领会到，简单生活并不单纯等于东西少。"我选择某件东西，实际是再一次确认如何利用宝贵时间的机会。我希望把时间用于和老公聊天或者陪伴孩子。通过把自己的生活简单化，可以让内心变得从容，幸福的时间随之增加。"Osayo 说。

人们往往认为白色很容易脏，实际上手上的脏东西、灰尘以及水垢大多接近白色，所以沾上它们并不显眼。当然，一旦被其他颜色沾染就很容易被注意到，这恰恰让清扫更有针对性。所以说，"从某种角度来看，白色反而有让人省心的一面"，Osayo 说。

osayosan34

https://www.instagram.com/osayosan34

data

家庭成员： 老公、儿子、女儿

住所·建筑形式： 福冈县·独幢住宅

Osayo 在 instagram 上展示了许多美观、便利的收纳及整理方法，使用的都是 Ziploc、百元店及无印良品的东西。更难得的是，对于粉丝的提问她也耐心回答。另外，还有许多关于常备菜和冷冻主菜的照片，不仅看着有趣，而且还很实用。

Osayo 女士

居家时间

最繁忙的平日早晨的作息时间

☐ 5:15
起床
↓
起床后，马上用锅烧开水泡茶。洗米，放入海带。

☐ 5:30
打扫洗脸池（3分钟）／
↓ **打扫卫生间（3分钟）**
用电解水等快速擦拭一遍。

☐ 5:40
做便当／做饭
↓

☐ 6:15
准备早餐
↓ 前一天事先把味噌汤做到融化味噌之前的步骤，第二天早上加热并完成。同时端出已经准备好的酸奶、醋拌凉菜及常备菜。

☐ 6:30
如果家人还没醒，叫家人起床
↓

☐ 6:45
吃早餐
↓

☐ 7:15
孩子们准备上学，出发前确认要带
↓ **的东西**

☐ 7:30
老公去上班／孩子们去上学
↓
随后收拾厨房。把晚餐要用的肉和冷冻状态的常备菜移至冷藏室。

☐ 7:50
扫除
↓
用毛掸子掸灰2分钟，用吸尘器吸尘5分钟，用水擦拭地板5分钟。

☐ 8:15
和女儿一起给花浇水，送女儿上幼
↓ **儿园校车**

☐ 8:30
给屋子的二层做扫除
用吸尘器吸尘3分钟，使用被褥吸尘器及芳香喷雾5分钟。

把要打扫的地方记录下来
一目了然

Osayo 的家总是收拾得漂亮整齐，她有什么诀窍吗？"以前在 instagram 上公开的'扫除笔记'很方便。把每周、每个月想打扫的地方做成一览表，一目了然，这样就可以确认哪些地方完成了。"Osayo 说。

这个"扫除笔记"的优点在于，即使某个地方两个月没打扫了，也能知道上次打扫是在两个月以前，于是可以计划是否下个月彻底打扫一下。像这样把要做的事情"可视化"，似乎也给看不到终点的家务做了阶段性的划分。"这样心里能从容一些，也能够平静地观察整个房间。"Osayo 说。

每天的扫除都非常忙碌，因此 Osayo 会把家里的地板分成若干个小部分，利用早晨做家务的间隙，用无印良品的地板刷蘸上清水擦拭地板，进度是每天一小部分。

上 _ 用吸尘器给沙发附近吸尘时，要使用延长线。把延长线挂在在 Daiso 买的挂钩上，这样吸尘时电线就不会碍事，还可以防止电线沾上灰尘。

下 _ 在卫生间里喷上电解水和精油的混合液擦拭一遍。马桶里面及边缘喷上消毒液、精油、柠檬酸和水的混合液，用清洁刷刷洗。

巧妙利用百元店商品
让扫除变轻松

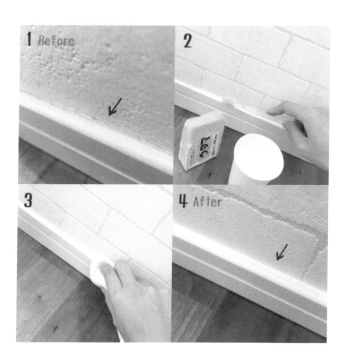

上 _ 擦玻璃时，把在 Daiso 买的超细纤维毛巾套在清扫地板用的无印良品地板刷上，然后喷上有杀菌、除臭效果的消毒液，就可从上到下一气呵成地把玻璃擦干净。擦拭高处也很轻松。

下 _ 清洁踢脚线的方法：将牙刷在温水中沾湿，蘸少许 UTAMARO 超能去污皂仔细刷洗。最后再用紧紧攥干的布巾擦拭一下，就能一举消灭泛黄及发黑的污垢。

上 _ 睡觉前在抹布上喷上消毒液，稍用力地擦拭水龙头。仅此一步就能让水龙头保持光亮，效果好到超乎想象。
下 _ 每晚睡觉前，也给浴室的排水孔喷上消毒液，擦拭一遍。预防令人不快的气味。

睡觉前稍微花一点工夫就能让屋里保持洁净

清洗瓶子里面时，使用无印良品的长柄夹子。把清洗餐具用的海绵直接固定在长柄上使用，用完后把长柄收纳在水池下面，方便省事。

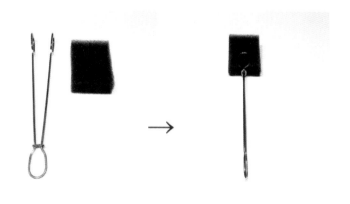

感觉哪里不方便
就记在家务笔记本上

"在日常生活中，意识到哪里不方便往往是瞬间的事，很多时候就忽略过去了。所以，但凡觉察到什么，马上就记在家务笔记本上。以后的某一天，会突然想到解决的方法。" Osayo 说。

用家务笔记本就可以把意识到的不便、想改善的事一一记下，那些容易遗忘的事情可以很容易就回忆起来。

用这种方法想出来的整理技巧，Osayo 在 instagram 上公开了很多。其中有不少都让人恍然大悟。比如用牛奶盒给厨房抽屉分区的方法就非常巧妙！"牛奶盒沾上一点儿水也不会坏，如果脏了换新的就可以，收拾起来很简单。" Osayo 介绍说。

这些巧妙利用身边物品的小技巧，大家可以多多借鉴。

从上到下依次是老公、Osayo、孩子们的鞋，按照上班和上幼儿园的顺序摆放。最下层最右边的白盒子里是孩子们的雨衣。每个人的鞋都各就其位，清清楚楚，孩子们也不易弄错。

年末购置毛巾时，会给孩子集中制作在学校用的抹布。淘汰下来的旧毛巾统一杂用。脏了就直接扔掉，轻松又方便。

沙发下面也是珍贵的收纳空间。筐子里装的是孩子的尿布。放在这里便于随用随取，而且外观也很漂亮。

大量使用各类盒子
分门别类一清二楚

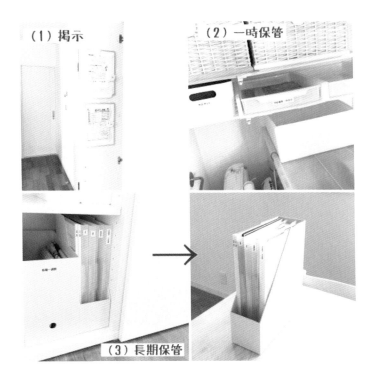

（1）揭示

（2）一時保管

（3）長期保管

孩子从学校拿回来的各种印刷物按照（1）本周要用，（2）下周或以后用，（3）长期保存三类分开管理。"长期保存"的文件盒是无印良品的，活页纸夹和索引用材料购自Daiso。

想办法增加能让孩子做的事情

5岁儿子的衣橱。在较低处架了一根支撑杆挂衣服，代替挂衣杆。这样儿子也能够得到。

兄妹各有一个玩具筐，用的是在伊藤洋华堂网店购买的收纳筐。粗条纹很有时尚感。

把"整理完成的照片"贴在盒子上，平时和孩子一起对照着照片，像玩儿找错误游戏那样分门别类收拾好，能够引导孩子开心地收拾东西，真是非常棒的主意！

洗面池下面收纳较重的洗剂类物品。将洗剂放在无印良品的盒子里，打印物品名称贴在盒子外面。搁板和挂布巾的架子是后来 DIY 的。（顺时针方向：扫除工具、精油、擦玻璃用的超细纤维毛巾、消毒液电解水、"细菌 bye-bye" 液、小苏打、氧漂剂、洗衣用肥皂）

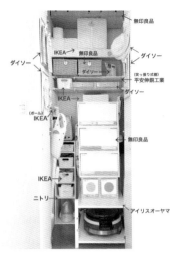

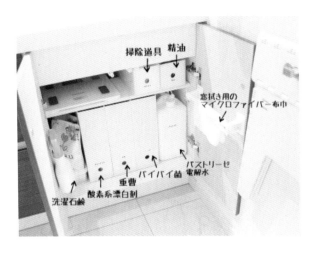

客厅里的狭小壁橱。借助平安伸铜工业的支撑式搁板和 Nitori 的架子，增加了收纳量。（从上至下从左至右：Daiso、宜家、宜家、Nitori、宜家、宜家、无印良品、Daiso、无印良品、Daiso、平安伸铜工业、Daiso、无印良品、IRIS OHYAMA）

用支撑式搁板和杆子
提升收纳力度

电源线容易显得杂乱，把每个节电插座都放在一个无印良品的立式文件盒里，让电视柜上的各种电线保持整齐。

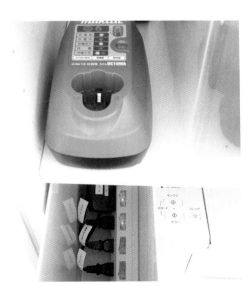

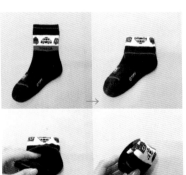

教 5 岁儿子叠袜子。先把两只袜子摞在一起，把袜口向下折，脚尖部分往回折，再把脚尖部分插到袜口里。这是连孩子都能学会的简单叠法。

要对真正需要的东西精挑细选

对于物品容易堆积成山的厨房，Osayo 的目标也依然是"简洁"二字。"作为整理的基本要素，汤碗、饭碗等使用频率高的食器要集中放在容易拿的地方。以前我还买过一些不常见的调料，后来觉得并不需要，都处理掉了。"Osayo 说。

只有知道什么是"真正需要的东西"，才能进行收拾整理。购买烹饪器具时，也可以多参考母亲的意见。那些在实际生活中使用过各种厨具的人，意见应该很可靠。"现在我家用的起泡器，就是从老家带来的昭和时期的东西。"Osayo 说。

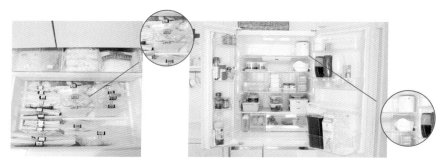

左 _ 冰箱里的食材分成小份放在塑料保鲜袋里。然后贴上不同颜色的胶带加以区分，肉类用粉色，鱼类用蓝色，其他用白色。

右 _ 味噌、高汤粉、杂谷米等装在从 Seria 买的罐子里，放进冰箱最上层。罐子有把手，便于取放。

扫除用的电解水、除菌除臭用的消毒液都挂在从 Daiso 买的磁铁夹子上。不但看着舒服，而且随手就能拿到。

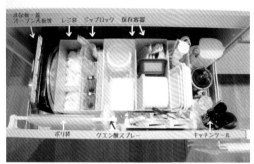

右下方的是在 Daiso 买的六个装盐、胡椒等调味料的容器。放在从 Seria 买的托盘里，为了便于擦拭，可以在里面铺上宜家的防滑垫。

在厨房最深的抽屉里放了这些东西。收纳用的盒子是无印良品和 Daiso 的，尺寸和抽屉很合适。也用了剪开的牛奶盒。（顺时针方向：菜板·锅盖·烤盘等、垃圾袋、Ziploc 密封袋、保存容器、各种烹调用厨具、柠檬酸喷剂、塑料保鲜袋）

有时候要重新审视早晨做家务的步骤，发现不方便的地方，务必在遗忘前记到家务笔记本上。为了能随时记录，家务笔记本就放在厨房里。

事先把主菜做好
心情也会变轻松

在 Osayo 的 instagram 上，丰富的常备菜和冷冻主菜的照片也引人注目。制作常备蔬菜时，把要用的蔬菜一次全切了，放进容器里保存，要煮的食材也一次全煮好，一个步骤集中多做出一些是关键。同时，从不易把锅弄脏的步骤开始做起也很重要。"另外，一旦主菜决定了，每天做饭就轻松多了，所以可以在周末先准备像土豆炖牛肉之类的主菜，冷冻起来。"Osayo 说。

对于少量剩余的蔬菜，建议切成碎末放在 Ziploc 密封容器里保存，在炒饭或做汤时使用很方便。这一点很值得学习。

品位不凡的白色食盒是 DEAN & DELUCA 的三段白套盒。有多个可拆卸的隔挡，料理不易串味，十分好用。

上 _ 前一天晚上多切了一些蔬菜，放到第二天早上的味噌汤里。早餐吃的几款常备菜分别放在不同容器里，再放进托盘中备好，这样早上的准备工作就很轻松。

左 _ 老公点名要吃关东煮。用胡萝卜加以点缀，提升视觉美感。

某日的常备菜。煮过的蘑菇和去过油的油炸豆腐冷冻起来，可以放在任意一款菜里。以前做常备菜时，会花很长时间做很多，最近把时间控制在一小时，这样做出的量刚好合适。

要明确拍摄的主体是什么

有情趣的木质家具和像烧杯一样的玻璃小物件，木头和玻璃在 Uryaaa 家里相映成趣，给人留下深刻的印象。然而最初开始用 instagram 时，Uryaaa 并没有打算主要介绍自己的家。她养着一只可爱的贵宾犬 Tayu，"其实是为了分享狗的照片才开始用 instagram 的"，她说。

后来，家里别致的家具及居室布置也随着 Tayu 的照片进入人们的视线，在 instagram 上大受欢迎，于是有关居室的照片和文字也逐渐多了起来。现在，可爱的 Tayu 不断和居室搭配出镜，Uryaaa 的粉丝都很开心。

左上 _ 装木铲子、夹子等厨具也使用烧杯。烧杯大小各异，使用方便。

右上 _ 厨房一角。木头、玻璃及金属小物件互相映衬，相得益彰。

下 _ 核桃饭做成的饭团子。用臼杵把核桃捣碎，与洗净的大米混合，再以酒和酱油调味后蒸熟即可。米和核桃的用量比例约为 10 ∶ 2~3，酱油为 1，酒少许。

怎样才能把照片拍得那么有魅力，Uryaaa 有什么诀窍吗？"拍照的时候，我总是想象照片的整体形象，同时明确要拍摄的主体是什么。如果可以，借助自然光拍摄，照片会更自然、更漂亮。"Uryaaa 告诉我们。

uryaaa

https://www.instagram.com/uryaaa/

data

家庭成员：老公、狗

住所・建筑形式：大阪府・公寓

用二手家具巧妙布置而成的房间，以及可爱的贵宾犬，构成了 Uryaaa 妙趣横生的 instagram。Uryaaa 家的二手家具多为网店或二手家具店的独件物品，光是看着就觉得充满意趣。居室里使用了不少玻璃和金属制品，打造出别具一格、充满亮点的住宅。

右 _ 橱柜里使用了无印良品的亚克力分隔架放盘子，比摞起来放要好拿得多。

下 _ 水池下面是用木盒子做成的收纳场所。使用 Cellarmate 品牌的密封玻璃瓶来保存各种谷物。

厨房里最重要的是
保证移动畅通无阻

在水池上架起两根木条，做成简易的置物空间，从控水的筲箕到餐具及容器，待干的物品放在这里可以干得更快。不用的时候就把木条推到不碍事的地方，简便实用。

木质的架子是纯手工制的。小夹子等细碎物件都收进小容器里，整齐利落。"关键是架子上不要放太多东西。"Uryaaa 说。摆在这里的东西经常调换，也可以换换心情。

"厨房里的'动线'比什么都重要。"Uryaaa 说。

家里布置得再精美，如果不方便居住，或者活动起来很不自由，也会让身处其中的人备感压力。Uryaaa 告诉我们，保证家里人舒服自在的"动线"是最重要的。

Uryaaa 所说的"动线"，不仅是字面意思的"活动范围、路线"，还包括其他含义。比如经常要用的或者消耗得很快的东西，要尽量放在外面，而不是固执地收起来，这样就可以省去一次次拿出来的烦琐。这也是"动线"的具体表现。

"还有，刀叉餐具等需要保持洁净的东西要收起来。放干物和调味料的瓶瓶罐罐等因为可以用酒精擦拭，打理起来很容易，所以放在外面也无妨。"Uryaaa 继续说。

如此看来，这间木质风格的厨房之所以让人过目不忘，归根结底还是因为有 Uryaaa 各种合理的构思。

把装苹果的木箱涂上 Watco 的黑胡桃木色涂料，做成收纳盒。沉稳的棕
色显得很有质感。架在墙上的搁板是 DIY 的。特意没涂颜色，保持天然感。

气味较重的干物收纳在无印良品的
马口铁盒子里。里面再用 Daiso 的
小分隔盒分门别类。可以随时用喷
雾消毒液擦拭，保持清洁。

适当选择
氛围过于"甜腻"的摆件

Uryaaa 说："木质的东西不知不觉越来越多，
厨房的氛围会变得很温和甚至甜腻。用烧
杯、铁皮制品平衡一下，免得温和过了头。"
放木铲子的烧杯，盛满瓶瓶罐罐的铝制托
盘，用这些物件和木质物品相互调和，让
厨房的空气柔中有刚。

挑选国产食材
食谱避免重复

"关于饮食，我没有什么讲究，不过是选择国产的食材，几天内的食谱不要重复而已。还有就是一顿饭尽量不要用形状完全相同的器皿。不管菜谱还是装盘，都按照先确定主菜，再搭配副菜的顺序，就不至于太困难了。"Uryaaa 对我们说。

上 _ 西红柿用开水煮熟，装进沸水消毒的瓶子里。把溶化了少许食盐的热水倒满瓶子，将瓶子如图放置，加热到水沸腾。等瓶子冷却后放入冰箱。自家腌制的去皮整番茄就做好了。中 _ 盛麻婆豆腐的容器是陶艺家市川孝的耐火碟子。下 _ 用涮火锅专用的牛肉片卷上薄荷叶、花生碎，外面再包上生春卷皮。这道菜借鉴了料理节目上的菜谱。

平时在其他屋子的矮桌用餐,所以这个餐厅被 Uryaaa 称为"不知做什么好的空间"。据说家具的摆放
位置会根据生活的需求频繁改变,所以"就算住公寓也不会厌倦"。餐厅里的橱柜是独此一件的二手家具。

先决定基础色调
再搭配 2 ~ 3 种颜色

客厅和餐厅的配置也以木制品居多,容易使整体氛围失衡,所以用些小摆件来调整空间平衡。绿植
也起了大作用。

还有一件事 Uryaaa 很注意。"不要让居室内有太多种颜色。先决定基础色,其他颜色控制在 2 ~ 3 种,
这样就会有统一感。就算屋里东西多,也不会显得很杂乱。"她介绍说。

Uryaaa 的家以白色为基础色,附加米色、茶色、黑色。她有时候还会用白布把木质和金属的装饰物
遮盖起来。也就是"借用白色做减法"。

茶色元素的亮点体现在 Uryaaa 收集的二手货上。架子、柜子等家具都彰显出独特的风趣。"二手货
通常在网上耐心寻找,也经常去旧货店淘宝。"Uryaaa 说。

发现后就迅速买下的木箱子。把它涂上颜色用作收纳箱。

可以整体清洗，还可以作为小毯子或宠物垫使用的韩式垫子。也可以给养宠物的家里当沙发罩，非常方便。

地板上铺着席子，上面放了一张矮桌。平时吃饭就在这里。爱犬 Tayu 也把这里当作自己的安稳小窝。

把多余的木板装在墙上，存放一些收纳的东西，每件东西都要有地方放。稍微多花一些心思，就可以让公寓生活增加很多可能性。

上 _ 这间屋子几乎成了爱犬 Tayu 独享的游戏空间。为此，Uryaaa 一直保持这样空荡荡的状态，让 Tayu 可以在屋里自由活动。墙角的小柜子是在网上觅得的二手家具。

下 _ 这个收纳柜也是在网上发现的二手货。树枝装饰物是山苍子。

多花一些工夫
生活中就会出现新的可能性

找到适合自己性格的收纳术

宠物用的厕所即使能保持清洁，也很难有时尚的感觉。但是，Tayu 的厕所与居室装饰和谐地融为一体。
"与其说要追求时尚感，还不如说为了打扫起来轻松些。如果不把四周围起来，粪便会溅得四处都是，
收拾起来很费工夫。"Uryaaa 说。

所以说，用这个旧木箱给 Tayu 当厕所再合适不过了。

Uryaaa 说她自己属于"用着、看着自己喜欢的东西，就能释放压力的类型"。所以像"断舍离"或"极
简主义"生活那样不断舍弃东西，并不能减轻她的压力。"有些人和我相反，东西多了就会有压力，
或者觉得打扫卫生和整理房间很麻烦，而产生抵触心理。我想这样的人是适合'断舍离'的。收拾
整理和规划一个家有很多方法，想清楚是否适合自己的性格，快乐地生活是最重要的。"Uryaaa 说。

回到家以后，先在这里摘掉首饰等装饰物，把当天买东西的收据整理分类。不要的纸质垃圾暂时放在右上角的盆里。这个餐厅里的小空间设计得完全符合Uryaaa的生活"动线"。

不拘泥于物品本来的用途，灵活使用

纸质印刷物和信件等暂时放到桌子旁边的白布提袋里，找机会分类整理到百元店买的活页夹子里，再收纳到筐子里保存。

几个小木盒里分别放着首饰、药品及湿纸巾等。平时就留意收集这些可以有多种用途的物件。

11_　ACTUS

以向日本进口和出售北欧家具及家居用品为主的品牌，创立于 1972 年。

13_　Artelegno

意大利木制品品牌，1975 年创业，橄榄木制品尤其出名。

13_　木屋

1792 年创办的日本刀具老字号。

13_　Lodge

诞生于 1896 年的美国厨具品牌。

13_　Francfranc

专门销售家居装饰及生活用品的日本品牌。

17 / 51_　STAUB

法国珐琅铸铁锅及陶瓷器皿品牌。

17 / 54_　长谷园

创立于 1832 年的日本厨具品牌，产品以陶上锅为主，是日本知名古窑"伊贺烧"的最高水平代表。

21 / 58_　Tolix

法国家具品牌。1934 年曾推出著名的"A Chair"系列座椅，即图中椅子的造型。

22 / 27_　Arabia

芬兰餐具品牌。主要生产厨房用具、餐具等陶瓷制品。

25_　釜定工房

位于日本岩手县盛冈市的南部铁器老字号，已有超百年历史。

26 / 71 / 95 / 121_　Nitori

日本家具及家居用品连锁店。

27 / 32_　Littala

源自芬兰的玻璃制品品牌。

32_　Aladdin

始于 20 世纪 30 年代的英国品牌。

37_　iwaki

日本玻璃制品品牌，创立于 1883 年。

37 / 93_　野田珐琅

日本珐琅生产品牌，创立于 1934 年，产品主要包括日用品（烹调用具、餐具、其他保存容器等）及理化用品等。

38 / 45_　小鹿田烧

日本陶器名窑之一，位于大分县日田市，始于 18 世纪早期。

38_　小石原烧

日本陶器名窑之一，位于福冈县朝仓郡东峰村，始于 17 世纪晚期。

39_　LE CREUSET

法国厨具制造商，1925 年创业，以生产色彩靓丽的珐琅铸铁锅闻名。

44_　Louis Poulsen

丹麦著名灯具品牌，创立于 19 世纪晚期。

45_　STOKKE

1932 年创立于挪威的儿童用品品牌。TRIPP TRAPP

儿童成长椅 1972 年问世，是 STOKKE 旗下的代表性产品。

47_ Truck
一对设计师夫妇创建的家具及家居制品品牌，于 1997 年在大阪开店。

54 / 60 / 90_ Yumiko Iihoshi
日本陶艺家 Yumiko Iihoshi 的手工陶艺品牌。

60_ OXYMORON
日本家具用品连锁店，同时也经营咖喱店及咖啡店。

71_ Kokoroishi
制作及销售皮革制品的日本厂商，创立于 1969 年。

72_ SANEI
专门生产水龙头等水池周边产品的日本品牌，创立于 1954 年。

73_ BoConcept
起源于丹麦的家具及家居用品品牌，创立于 1952 年。

73_ Orient Pendant Light
丹麦知名设计师 Jo Hammerborg 为当时在丹麦很有影响力的照明器具制造厂——Fog&Morp 公司设计了一款名为"Orient Pendant"的灯具，这款灯的纯铜灯罩光泽深邃，线条颇具现代感，在当时大受欢迎。图中的同名灯具是它的复刻版。

81 / 95 / 122 / 123_ Seria
日本百元连锁店。

83_ Norrmade
丹麦家具品牌，崇尚"不添加任何多余物，为顾客提供特别价值"的经营原则。

86 / 96_ Wegner
这里指的是这款沙发的设计者——丹麦家具设计巨匠汉斯·瓦格纳（Hans Wegner）。

95_ scope
销售家具及家居用品的日本网购商店。

95 / 115 / 116 / 119 / 121 / 123 / 131_ Daiso
创立于 1972 年 的日本百元店。

97_ Y-chair
北欧家具品牌"Carl Hansen & Son"的代表作品，由丹麦家具设计巨匠汉斯·瓦格纳设计。

113 / 123 / 124_ Ziploc
美国家庭密封用品品牌。

124_ DEAN & DELUCA
美国著名食品连锁品牌，同时也销售食品容器。

128_ Cellarmate
专门生产玻璃瓶及其他包装容器的日本企业——星硝株式会社的旗下品牌。